内蒙古自治区
绒山羊种质资源创新利用

刘　斌　吴铁成　等　著

中国农业科学技术出版社

图书在版编目（CIP）数据

内蒙古自治区绒山羊种质资源创新利用 / 刘斌等著 . -- 北京：中国农业科学技术出版社，2023.12
ISBN 978-7-5116-5650-6

Ⅰ. ①内…　Ⅱ. ①刘…　Ⅲ. ①山羊－种质资源－研究－内蒙古　Ⅳ. ① S827.92

中国版本图书馆 CIP 数据核字 (2021) 第 273703 号

责任编辑　陶　莲
责任校对　王　彦
责任印制　姜义伟　王思文

出 版 者　中国农业科学技术出版社
北京市中关村南大街 12 号　　邮编：100081
电　　话　（010）82109705（编辑室）（010）82106624（发行部）
（010）82109709（读者服务部）
网　　址　https:// castp.caas.cn
经 销 者　各地新华书店
印 刷 者　北京建宏印刷有限公司
开　　本　170 mm × 240 mm　1/ 16
印　　张　11.5
字　　数　210 千字
版　　次　2023 年 12 月第 1 版　2023 年 12 月第 1 次印刷
定　　价　88.00 元

《内蒙古自治区绒山羊种质资源创新利用》

作 者 名 单

主　　著： 刘　斌　吴铁成

副 主 著： 王　涛　朱莉仙　何云梅

著写人员： （按姓氏笔画排序）

王生荣　乌日古玛拉　乌兰其其格

刘俊阳　孙春河　孙雪峰　谷　英

张　强　阿拉木斯　武玉平　其其格

苗　雄　赵若阳　赵鸿雁　胥福勋

高玉林　贾　军　陶格套　萨初拉

梁建勇　朝鲁孟

资助项目

本书由内蒙古自治区科技计划项目“超细超长绒山羊高效育种技术研究与应用”、内蒙古自治区科技成果转化引导项目“绒山羊种质资源创新及标准化高效养殖关键技术示范推广”和内蒙古自治区草原英才工程2022年度内蒙古自治区“草原英才”工程专项“绒山羊和牧草种业创业人才团队（滚动支持）”联合资助。

前　言

绒山羊是中国具有自主供种能力的特色草食家畜，内蒙古自治区[①]是我国绒山羊存栏量和产绒量均居首位的优势产区，主要有内蒙古白绒山羊（阿尔巴斯型、阿拉善型和二郎山型）、罕山白绒山羊和乌珠穆沁白绒山羊3个品种，目前存栏量1512.1万只，羊绒产量6049.93 t，约占全国羊绒产量的41%，其优良的绒品质享誉国内外。按照国家发展优势产区产业的政策，充分发挥绒山羊资源优势，加快我国绒山羊种业产业的发展具有重要意义。同时我国绒山羊不从国外引种，绒山羊种业完全依赖自主培育，其对做大做强我国在世界上同类研究及产业将起到示范作用。2021年中央一号文件明确提出促进畜牧业高质量发展，要实施畜禽遗传改良计划并打好种业翻身仗。为了落实国家和自治区“十四五”种业发展规划部署要求和《全国畜禽遗传改良计划（2021—2035年）》，努力开创内蒙古绒山羊现代种业发展新局面，我们组织编写了《内蒙古自治区绒山羊种质资源创新利用》一书。本书在内蒙古绒山羊品种资源、种业产业数据收集和相关研究文献资料整理的基础上编著，主要内容包括绒山羊主要品种资源概况、内蒙古绒山羊遗传特性、绒山羊产绒性能和皮肤毛囊生长发育规律、绒山羊繁殖性能及调控技术、绒山羊营养需求与补饲、绒山羊产肉性能、内蒙古绒山羊的育种需求分析、内蒙古羊绒产业发展分析等八章内容，旨在为内蒙古绒山羊品种资源创新利用提供准确、科学、翔实的依据，并为广大科研工作者、基层技术推广科技人员和农牧民提供参考资料。

作者

2023 年 11 月

---

①以下简称内蒙古。

目 录

第一章　绒山羊主要品种资源概况

山羊（*Capra hircus*）是一种对自然环境适应性极强的家养反刍动物。全世界山羊品种680个（数据来源：Domestic Animal Diversity Information System）。根据《国家畜禽遗传资源品种名录（2021年版）》，我国山羊品种分为地方品种、培育品种、引入品种，共计78个。其中地方品种60个，包括西藏山羊、新疆山羊、内蒙古绒山羊、济宁青山羊、马头山羊等知名品种。培育品种12个，包括关中奶山羊、崂山奶山羊、文登奶山羊、南江黄羊等知名品种。引入品种6个，包括萨能奶山羊、波尔山羊、努比亚山羊、安哥拉山羊等知名品种。根据经济用途不同，山羊可分为乳用型、肉用型、毛用型、绒用型等，其中绒用型山羊品种通常被称作绒山羊。世界绒山羊主要分为开士米型粗毛山羊和绒毛型山羊。开士米型粗毛山羊主要分布在喜马拉雅山脉周围的国家和地区，其特点为山羊体型较小、被毛多为白色、偶有黑色及褐色、毛长绒短、绒直径12～15 μm、产绒量100 ～400 g，代表品种有中国的内蒙古白绒山羊、西藏绒山羊和蒙古国的蒙古绒山羊、印度的喜马拉雅山羊、巴基斯坦的戈地山羊等。绒毛型山羊其特点为绒长毛短、绒毛产量比大于1、绒直径16～20 μm、产绒量500～1000 g，代表品种有俄罗斯的顿河山羊、奥伦堡山羊以及蒙古国的巴音乌拉盖山羊等。我国是世界上最大的羊绒生产国和出口国，羊绒产量和世界贸易量均占全世界的70%以上。截至2022年我国山羊存栏量为1.32亿只，羊绒产量1.46万t，近10年整体呈波动下降的趋势。中国有20个绒山羊的品种（约占世界60%），国内的主要品种有内蒙古绒山羊、辽宁绒山羊、河西绒山羊、陕北白绒山羊、柴达木绒山羊、罕山绒山羊、西藏山羊、新疆山羊、中卫山羊、太行山羊、晋岚绒山羊，其中内蒙古绒山羊是世界上绒品质最优的绒山羊品种资源，被列入《国家级畜禽遗传资源保护名录》（中华人民共和国农业部公告 第2061号），其山羊绒是珍贵的纺织原料，曾获意大利“柴格那”国际金奖和中国农业博览会金奖，被誉为“纤维宝石、软黄金”，是国际奢侈品牌的御用羊绒。

第一节　山羊的生物学特性及起源驯化

山羊（*Capra hircus*）又称夏羊、黑羊，属于脊索动物门（Vertebrate）→哺乳纲（Mammalia）→偶蹄目（Artiodactyla）→洞角科（Cavicornia）→山羊属（*Capra*）。山羊有30对染色体。

一、品种分类

全世界现有主要的山羊品种和品种群680多个，我国已有78个山羊品种，这些地方品种具有许多优良性状，如高繁殖力、肉质好、绒质细、品质好、产量高以及具备板皮、羔皮、裘皮、奶用等专用生产性能。山羊品种的形成与社会经济的发展、人民生活的需求及生态条件是密切相关的。在分类上主要根据经济用途不同，一般分为六大类：

绒用山羊：如内蒙古白绒山羊、辽宁绒山羊等；

毛皮山羊：如济宁青山羊、中卫山羊、埃塞俄比亚羔皮羊等；

肉用山羊：如马头山羊、波尔山羊、南江黄羊等；

毛用山羊：如安哥拉山羊、苏维埃毛用山羊等；

乳用山羊：如关中奶山羊、萨能奶山羊、吐根堡山羊等；

兼用山羊（又称普通山羊）：如新疆山羊、西藏山羊等 。

二、分布范围

山羊的地域分布非常广泛，遍及全世界，凡是饲养家畜的地方，均有山羊分布，甚至其他家畜难以生活的地区，山羊仍能照常生存和繁殖，其分布地域仅次于犬，成为各种家畜中地域分布最广的一种。据联合国粮食及农业组织（FAO）2020年统计，全世界存栏山羊11亿余只，分布在179个国家或地区，主要分布在亚洲（51.66%）和非洲（42.40%），其中存栏量排名前五的国家为印度（13.32%）、中国（11.85%）、尼日利亚（7.42%）、巴基斯坦（6.93%）和孟加拉国（5.32%）。在中国，山羊分布遍布全国各省、自治区、直辖市，连不饲养绵羊的广东、广西、福建和海南也都有山羊分布。从总体上看，我国山羊群体主要分布在长江以北地区，集中在华东、华北和西南，在华南地区分布较少。

三、生活习性

山羊活泼好动，喜欢登高，除卧息反刍外，大部分时间处于走走停停的逍遥运动之中。羔羊的好动性表现得尤为突出，经常有前肢腾空、身体站立、跳跃嬉戏的动作。山羊有很强的登高和跳跃能力，根据山羊的这一习性，舍饲山羊时应设置宽敞的运动场，圈舍和运动场的墙要有足够的高度；山羊对生态环境的适应能力较强，无论高山或平原、森林或沙漠，热带或寒带，沿海或内陆均有山羊分布，山羊在地球上的地域分布之广，远超过其他草食家畜。我国的福建、广东、广西及海南等热带、亚热带地区没有绵羊，但却饲养着一定数量的山羊。山羊对水的利用率高，使它能够忍受缺水和高温环境；山羊采食性广，觅食能力极强，能够利用大家畜和绵羊不能利用的牧草，对各种牧草、树木枝叶、作物秸秆、许多灌木、农副产品及食品加工的副产品均可采食。山羊对饲草的选择能力也高于绵羊和其他草食家畜，具有根据其身体需要而选择采食不同种类牧草或同种牧草不同部位的能力。山羊特别喜欢采食灌木枝叶，山羊的唾液腺分泌量大，对植物中单宁酸有中和解毒作用，保证了山羊能大量采食富含蛋白质的树叶，有效地消化吸收利用而不受单宁毒副作用的影响。在草地管理上常用来控制草地次生林、许多灌木和杂草的生长，促进禾本科牧草的生长。因此，草地畜牧业发达国家，常利用山羊的采食习性，来管理草地；山羊喜干燥、爱清洁，采食前用鼻子嗅，凡是有异味、污染、沾有粪便或腐败的饲料，或已践踏过的草山羊都不爱吃，在舍饲山羊时，饮水、饲草、饲料、用具，应经常保持清洁卫生。性成熟早，繁殖力强。山羊的繁殖力强，主要表现在性成熟早、多胎和多产上。山羊一般在5～6月龄达到性成熟，7～8月龄即可初配，多数品种的山羊每胎可产羔2～3只。

四、起源驯化

现代山羊是由野山羊驯化而来。考古发掘证明，早在公元前5700年前，中亚、西亚的山羊已被驯化为家畜。由于山羊在动物界里属于比较弱小的家族之一，所以便成为人类最早被驯化的动物，因此对其起源问题无确切答案。一般认为：野山羊变为家山羊，远在新石器时代（公元前8000—10000年）既已驯化。大多数学者认为，家山羊的祖先可能是普里斯卡羊（*Capra prisca*）、角（羊骨）羊（*Capra aegagrus*）、（羊骨）羊（*Capra falconeri*）、塔尔羊（*Capra jemaaica*）和欧洲野羊，现代山羊的重要祖先是角（羊骨）羊、（羊骨）羊和欧洲野羊。中国山羊饲养历史悠久，早在夏商时代就有养羊文字记载。1000多年前，我国南方就以饲养山羊为主，后逐步形成规模。山羊生产具有繁殖率高、适应性强、易管理等特点，在我国广大农牧区广泛饲养。改革开放以来，我国山羊业发展迅速，成就显著。由于生态环境的要求，近些年内蒙古、辽宁、新疆等山羊主要饲养地区相继实施了一系列的禁牧、限牧政策，总结出既要实现生态环境保护、又要促进山羊产业发展的生态养羊方案，使我国山羊养殖业进入了一个新的转折期。

五、山羊和绵羊的生殖隔离

在自然界中，不同物种之间往往存在着生殖屏障，也就是我们说的生殖隔离。生殖隔离简单地说就是即使同域分布的两个物种也不交配或者极难交配成功的隔离机制。通常生殖隔离可以分为交配前隔离和交配后隔离，其中交配前隔离是指繁殖期不同、分布不同、生殖器官不同、行为不同等造成的两种动物在自然环境下不会交配的隔离机制，通常在自然界中，大多数动物都是交配前隔离，比如非洲的细纹斑马和平原斑马虽然经常生活在一起，但是它们两种斑马不会发生基因交流。而交配后隔离又分为合子前隔离和合子后隔离两种，其中合子前隔离是指两个物种即使交配，精卵细胞也不会结合，而合子后隔离是指两个物种即使杂交形成了受精卵，也会因为种种原因造成后代无法正常繁殖或存活。

当然，生殖隔离并不是完全绝对的，因为生物学分类越接近的物种，其精卵细胞结合的概率越大，因此也就越容易产生后代。简单地说就是同属不同种的物种结合后产生后代的概率要多过同科不同属的物种。因此，生物学分类越接近的物种越容易杂交产生后代，而山羊和绵羊是同科不同属的动物，二者的基因差异较大，染色体也互相排斥。所以，二者即使交配，也很难产生合子。再加上山羊有60条染色体，绵羊有54条染色体，即使勉强结合，产生山绵羊，它们也只有57条染色体（来自山羊的一半30条和绵羊的一半27条），在与山羊或者绵羊结合时，由于其染色体不成对，无法进行减数分裂，所以，山绵羊是不具备繁殖能力的。到目前为止，世界上已知的山绵羊不足5只，最近的两只分别是在2000年出生于非洲博茨瓦纳的“博茨瓦纳土司”以及2008年出生于德国的“丽莎”，这两只山绵羊，第一只是雄性，第二只是雌性（杂交种也是有性别的）。值得一提的是这只名为“博茨瓦纳土司”的雄性山绵羊具有极强的繁殖欲，虽然它由于染色体的关系没有留下“一儿半女”，但是过度的繁殖欲让它频繁地骚扰雌性山羊和雌性绵羊，在10个月大的时候就被化学阉割了。

第二节　国外主要绒山羊品种

一、欧洲绒山羊

1. 顿河山羊

顿河山羊又叫普里顿山羊，主要分布在俄罗斯顿河流域的罗斯托夫省和伏尔加格勒等地，是用安哥拉山羊杂交改良当地山羊，经长期向绒用方向选育形成的，其典型特征是外层绒毛长而内层粗毛短藏。在20世纪70—80年代广泛用来与当地山羊杂交，提高了当地的山羊产绒量。顿河山羊体格中等，成年公羊体重60～65 kg，3.5～4.5岁体重可以达到65～85 kg，母羊平均体重约为41 kg。公、母羊都有角、有髯。绒毛为灰色，脸和四肢短的粗毛为黑色。全年被毛有季节性变化，冬秋季呈深灰色，春夏季绒毛除去后，全身被毛黑而亮。成年公羊产绒量为1015 g，成年母羊为500 g。被毛中无髓羊绒重量占绒毛总质量的79.4%，绒直径16 μm，长98 mm。有髓粗毛占20.6%，毛直径27 μm，长52 mm。顿河山羊还具有良好的产奶性能，5个月泌乳期平均产奶量135 kg，乳脂率3.3%～8.0%，平均产羔率145%～150%。

2. 奥伦堡山羊

产于俄罗斯、哈萨克斯坦，主要分布在契卡洛夫、乌拉尔斯克地区。是经过长期选育的地方绒用山羊品种。其体质强壮，被毛多为黑色、灰色和褐色，生产紫绒。公、母羊均有角，公羊角粗大向上相交于头上。成年公羊平均体重达到70 kg，成年母羊达45 kg。公羊产绒量达300～400 g，最高1200 g。母羊平均产绒量达200 g，最高800 g。公羊绒纤维平均直径约15.9 μm，平均长度约57 mm。母羊绒纤维平均直径14.7 μm，单纤维平均强度5.95 g。奥伦堡绒山羊产羔率为130%～140%，适应性强。

二、亚洲绒山羊

1. 瓦塔尼黑山羊

瓦塔尼黑山羊原产于阿富汗。阿富汗全国存栏量共有264万只左右，占山羊总数的80%。瓦塔尼黑山羊的体格较大，被毛黑色，公、母羊都有角，公羊角长25 cm左右。绒纤维平均直径16.6 μm左右，长度68～69 mm，瓦塔尼黑山羊为阿富汗的主导品种。

2. 切古山羊（*crigu*）

切古山羊产于印度。起源于热带亚热带干旱区，分布在喜马偕尔邦北部及北部山区，被毛以白色为主，夹有红灰色毛，公、母羊均有角，角有一至多个弯曲。成年羊体重25.7 ~ 34.4 kg，产绒量119 ~ 190 g，绒纤维平均直径11.8 μm左右，长度为2.5 ~ 5.9 mm，为当地的主导品种。

3. 昌代吉羊（*chang thangi*）

昌代吉羊产于印度热带干旱的拉达克地区，存栏约4万只。被毛白色占50%，其余为灰色、黑色、褐色，公、母羊均有半圆形捻角。成年羊体重19.8 ~ 20.4 kg，公、母羊平均产绒量约为215 g，绒纤维平均直径约为13.9 μm，平均长度约为49.5 mm。

4. 山地阿尔泰绒山羊（*altai mountain*）

山地阿尔泰绒山羊分布在阿尔泰山东南部，该区为荒漠化山地，自然生态环境较差，羊只终年放牧。山地阿尔泰绒山羊体质结实，适应性好、放牧性能强。该羊是1944—1982年用顿河山羊与阿尔泰木地山羊杂交，在2 ~ 3代杂交个体中，选择理想型个体进行自群繁育而成。公、母羊多数有角。被毛黑色，生产紫绒，成年公羊体重达63 ~ 70 kg，最大个体体重约为92 kg，产绒量为700 ~ 900 g。成年母羊体重40 ~ 44 kg，产绒量500 ~ 800 g。毛被中羊绒重量占绒毛总质量的67%~72%，有髓粗毛占28%~33%。成年羊绒纤维直径16 ~ 19 μm，绒长度80 ~ 90 mm。青年羊绒纤维直径为15 ~ 16 μm，长度为70 ~ 85 mm，纤维强度高。阿尔泰绒山羊产羔率为105% ~ 150%，适应性强。

5. 吉尔吉斯绒山羊

吉尔吉斯绒山羊生产青绒或紫绒，公羊产绒500 ~ 600 g，最高1300 g。成年母羊产绒360 ~ 385 g，最高1000 g。绒纤维平均直径16 ~ 18 μm，长度约为30 mm，绒和粗毛长度接近。

6. 乌兹别克黑山羊（*uzbek black*）

乌兹别克黑山羊是白色安哥拉山羊与当地母山羊交配，在杂种一二代中选择黑色仅占2%的羔羊个体组成一个群体。对这个群体进行繁育，所生羔羊第一代黑色占64%，第二代黑色占74%，其余为白色、褐色和灰色，以后不断选育黑色羊，最后获得黑色为94%的山羊群。乌兹别克黑山羊在纤维结构、羊绒性状、生产方向上与顿河

山羊是相似的。每只羊平均产绒量280～440 g，绒长80～90 mm，母羊纤维平均直径为19 μm，公羊纤维平均直径为22 μm，平均范围为15～24 μm。

7. 蒙古绒山羊

蒙古绒山羊产于蒙古国，2007年牲畜普查结果为全国共有山羊1830万只，21世纪以来山羊原绒和精梳山羊绒出口额都在增加中，是亚洲第二大山羊绒生产国。蒙古国22个产绒山羊的省将本国产的绒山羊统称为蒙古绒山羊，其中70%分布在与中国新疆相毗邻的戈壁阿尔泰地区，该地区有戈壁山羊绒加工企业，并联合了许多中小型企业。近年来，牧场主已对绒山羊的质量差价以及绒色、绒直径、绒长度等育种要求有所认同，许多牧羊人接受了对绒山羊进行品质鉴定的做法。当前，蒙古国在绒山羊发展措施中主要是保持山羊绒细度的前提下提高产量，同时增加白绒的比例。公羊羊绒直径为14.5～15.5 μm，母羊为14.3～14.9 μm，公羊绒长为42～51 mm，母羊绒长为39～46 mm，被毛为黑色，主要产紫绒。

8. 戈壁古尔班赛汗绒山羊

戈壁古尔班赛汗绒山羊产地为蒙古国，产青绒、紫绒，属于培育品种，秋季公羊体重平均60 kg，母羊平均40 kg以上，成年种公羊的产绒量可达600 ～1400 g，母羊产绒量约500 g。蒙古国已经与日本和英国建立了山羊绒生产和加工方面的合作，有效促进了本国绒山羊产业的发展。

第三节　国内主要绒山羊品种

一、辽宁绒山羊

辽宁绒山羊原产于辽宁省东南部山区步云山周围各市县，属绒肉兼用型品种，是中国绒山羊品种中产绒量最高的优良品种。2022年存栏量达320万只。现已推广到内蒙古、陕西、新疆等17个省（自治区）。2010年9月13日，中华人民共和国农业部批准对“辽宁绒山羊”实施农产品地理标志登记保护。辽宁绒山羊被毛全白，绒毛混生，体质健壮，结构匀称、紧凑，头轻小，额顶有长毛，颌下有髯，公羊角粗大，向后斜上方两侧螺旋式伸展，母羊角向后斜上方两侧捻曲伸出。颈宽厚、与肩部结合良好，背腰平直，四肢粗壮，肢蹄结实，短瘦尾，尾尖上翘。成年公羊个体平均产绒量达1368 g，平均绒自然长度为6.8 cm，绒细度平均为16.7 μm，净绒率平均达74.77%。成年母羊个体平均产绒量达641 g，平均绒自然长度为6.3 cm，绒细度平均为15.5 μm，净绒率平均达79.2%。公羊5～7月龄性成熟，初配年龄18月龄，母羊8～9月龄性成熟，初配年龄15月龄，母羊常年发情，较为集中的季节为每年的10月下旬至12月中旬，发情周期17～20 d，发情持续期24～48 h；妊娠期147～152 d，产羊率115%，辽宁绒山羊原种场产羔率130%～140%；公羔初生重为3.05 kg、母羔为2.86 kg；羔羊成活率96.5%。

二、新疆绒山羊

1. 疆南绒山羊

疆南绒山羊是以辽宁绒山羊为父本，新疆山羊为母本，经过40余年系统选育而成的绒山羊新品种。全疆现有山羊600万余只，大多分布在南疆。该品种被毛白色，体质健壮，结构匀称，额顶有长毛，颌下有髯，公、母羊都有角；适应荒漠、半荒漠草场放牧。全年在放牧条件下，成年公羊产绒量500 g以上，体重40 kg以上，成年母羊产绒量360 g以上，体重35 kg以上；核心群母羊平均个体产绒量453 g，绒长度50 mm以上，绒细度平均15.2 μm，细度最优秀的公羊个体11.23 μm。生后18月龄前后配种，公母羊发情整齐，性欲旺盛，繁殖力强，产羔率为110%；具有抗病力强、耐粗饲等特点。

2. 新疆博格达白绒山羊

产于新疆昌吉，为昌吉特产。现存数量约为10万只。以辽宁绒山羊、野山羊为父本，新疆山羊为母本采用多元育成杂交培育而成。分为含野血和不含野血两大类型。体质结实、背腰平直、体躯深长、四肢端正、蹄质结实、颌下有须，公、母羊均有角，并向后侧延伸，尾尖向上翘。适应荒漠、半荒漠及山地草地四季放牧饲养。成年公羊体重48 ~ 50 kg，产绒量657 g，最高1570 g，成年母羊体重28 ~ 30 kg，产绒量452 g，绒细度12.7 ~ 13.7 μm。具有绒细、耐粗饲、绒色泽洁白、绒纤维长、细，纺织性能优越的特点。

3. 青格里绒山羊

产于新疆，主要分布于新疆青河县。由辽宁绒山羊改良而来。具有产绒量高、绒纤维品质好、个体大、体质结实、耐粗饲、性成熟早、抗逆性强、性情活泼、喜群居、善攀爬、耐长途跋涉、抗病力强、对当地自然条件适应能力强等特征。四季放牧条件下，成年公羊最高个体产绒量1350 g，成年母羊最高产绒量940 g，绒细度15 μm以下占比为60% ~ 70%，14.5 μm以下占比为50%；青格里绒山羊绒平均长度4.5 cm以上，净绒率平均70%以上，繁殖率平均120%。

三、西藏绒山羊

1. 藏西北白绒山羊

藏西北白绒山羊，产于西藏尼玛县，是藏西北白绒山羊核心主产区之一，白绒山羊的绒具有平均细度小、长度大，整齐度和粗细均匀度高等优点，是备受青睐的精纺原料，素有“纤维宝石”“软黄金”的美称。体色纯白、绒品质优异、抗逆性强，是西藏历经30余年培育的，更是我国4500 m以上高寒高海拔地区培育的唯一羊绒纤维直径15 μm以内的绒肉兼用绒山羊新品种。公、母羊平均产绒量分别为358.26 g和308.81 g，平均绒自然长度分别为4.47 cm和4.31 cm，成年一级公母羊体重分别达到35.17 kg和27.08 kg，屠宰率分别为45.71%和42.39%。

2. 措勤紫绒山羊

措勤紫绒山羊是绒产量高、奶产量高、肉嫩、耐寒性极强的绒肉奶兼用的特色优势品种，经过长期的自然选择和人工选育，在特殊的高寒生态环境中形成了极具地方优势的特色紫绒品种，在整个西藏范围内属于独一无二的核心产业带的优质品

种群体。体小，体质结实，体躯结构匀称。额宽，耳较长，鼻梁平直。公、母羊均有角，公羊有两种角型，一种呈“倒八”字形，另一种向外扭曲伸展；母羊角较细，多向两侧扭曲。公母羊均有额毛和鬓。颈细长，背腰平直，前胸发达，胸部宽深，肋骨拱张良好，腹大不下垂。被毛为黑色、紫色和棕色，绒质柔软、光滑，黑羊绒在阳光照射下呈紫色。成年公羊平均体重47.49 kg，平均产绒量为292.13 g；成年母羊平均体重36.84 kg，平均产绒量272.84 g。绒细度在14～16 μm，绒长度≥3.8 cm，弹性好，色泽光亮独特，绒质柔软，保暖效果极佳。

3. 日土白绒山羊

产于西藏阿里地区日土县，经过多年对当地绒山羊进行本品种选育，形成了血缘最纯、羊绒品质优良的日土白绒山羊。该品种山羊体质结实，体躯结构紧凑匀称。头部较小，额顶有长毛，颌下有髯，面部清秀；公、母羊均有角，角型以“倒八”字角为主，公羊角粗大，呈现螺旋式向上向两侧伸展，母羊角细小，从角基开始，向上、向后、向外伸展，角体较扁。颈宽厚，颈肩结合良好。胸深背直，四肢端正，蹄质坚实。尾瘦而短，尾尖上翘。日土白绒山羊体躯主体部位被毛白色为主，具有银丝光泽。成年公羊抓绒后平均体重30 kg，平均抓绒量400 g；成年母羊抓绒后平均体重25 kg，平均抓绒量300 g。绒细度12～16 μm，以13.9 μm为主。绒长度≥3.7 cm，弹性好，色泽光亮独特。该山羊以绒细、色白等优良品质著称，被加工业誉为“软黄金”“纤维宝石”，国际上称为“开司米尔”，具有很强的市场竞争能力，是区内外很多山羊所无法比拟的，是该区域畜产品资源中的拳头产品，也是农牧民脱贫致富的主要途径和收入来源。

四、河西绒山羊

河西绒山羊是甘肃省优秀的地方品种，主要分布于河西走廊一带，主产区是肃北蒙古族自治县和肃南裕固族自治县。河西绒山羊饲养繁育历史已有数百年，产区少数民族以羊肉、羊奶、羊绒为生活资料，并于1954年在肃北县设立了县种畜场，引进阿尔巴斯绒山羊，对当地绒山羊进行有计划的选育和改良。在当地荒漠、半荒漠草原及戈壁生态条件下，经长期自然选择和人工选育而形成。河西绒山羊体格中等，体质结实，近似方形。被毛光亮，多为白色（占比为90.7%），其余为黑色、青色、棕色和杂花色。被毛分内外两层，外层是粗而略带弯曲的长毛，内层生长着纤细柔软的绒毛。头大小适中，额宽平，鼻梁直，耳宽短，向前方平伸。公、母羊均有弓形的扁角，分黑色和白色两种，公羊角较粗长，向上并略向外伸展。河西绒

山羊羔羊6月龄左右性成熟，18～20月龄配种。通常公、母羊分群管理，秋季（9月）开始合群，实行自然交配。河西绒山羊毛长10～25 cm，内层绒毛长3～8 cm，羊绒细度13～19 μm。据测定肃北县成年公羊产绒量为323.5 g、母羊279.9 g。绒长4.6 cm，绒毛单纤维强度3.6 g，绒毛伸度43.0%。净绒率成年公羊48.8%、成年母羊46.7%、周岁公羊51.8%、周岁母羊52.8%。

五、陕北白绒山羊

是以辽宁绒山羊为父本，陕北当地黑山羊为母本，采用杂交育种的方式，经过25年培育而成的绒肉兼用型品种。2002年4月通过国家品种审定委员会的鉴定，主要分布在陕西北部的榆林市和延安市各县（区），存栏量800多万只。陕北白绒山羊被毛白色，体格中等。公羊头大、颈粗，腹部紧凑。母羊头轻小，额顶有长毛，颌下有须，面部清秀，眼大有神。公、母羊均有角，角型以撇角、拧角为主（撇角占49.90%、拧角占41.30%），公羊角粗大，呈螺旋式向上、向两侧伸展；母羊角细小，从角基开始，向上、向后、向外伸展，角体较扁。颈宽厚，颈肩结合良好。胸深背直。四肢端正，蹄质坚韧。尾瘦而短，尾尖上翘。母羊乳房发育较好，乳头大小适中。成年公羊平均产绒量723.81 g（核心群平均为1254 g），最高个体记录1600 g，成年母羊平均产绒量430.37 g（核心群平均为590 g），最高个体记录1041 g。自然长度5 cm以上且细度15 μm以内。陕北白绒山羊7～8月龄性成熟，母羊1.5岁、公羊2岁开始配种。母羊发情周期17～20 d，发情持续期23～49 h，妊娠期147～153 d，产羔率为106%。羔羊初生重公羔2.50 kg、母羔2.20 kg。

六、柴达木绒山羊

柴达木绒山羊是1959年以来对柴达木山羊在中卫山羊进行改良的基础上， 从1983年开始引入辽宁绒山羊，经级进杂交育成。2000年被审定为省级绒山羊品种，2001年通过青海省畜禽品种委员会审定，2009年通过国家畜禽遗传资源委员会审定。主要分布于青海省海西蒙古族藏族自治州柴达木盆地周边的德令哈、乌兰、都兰、大柴旦和格尔木等县（市）。柴达木绒山羊被毛纯白，呈松散的毛股结构。外层有髓毛较长、光泽良好，具有少量浅波状弯曲；内层密生无髓绒毛。体质结实，结构匀称、紧凑，侧视体形呈长方形。面部清秀，鼻梁微凹。公、母羊均有角，公羊角粗大，向两侧呈螺旋状伸展，母羊角小，向上方呈扭曲伸展。后躯略高。柴达木绒山羊6月龄性成熟，母羊1.5岁初配，一般在9—11月配种，2—4月产羔。母羊发情周期18 d，发情持续期24～48 h，妊娠期142～153 d；成年母羊繁殖率105%，羔羊繁殖成活率在85%。成年公羊个体平均产绒量达540 g，平均绒层厚度为6.08 cm，纤维直径平均为14.7 μm。成年母羊个体平均产绒量达450 g，平均绒层厚度为5.88 cm，纤维直径平均为14.72 μm。

七、太行山羊

绒肉兼用型地方品种，包括黎城大青羊、武安山羊和太行山黑山羊。太行山区农民长期经营着自然经济型的农牧业，为满足多种用途的需要，逐渐形成了适应当地环境条件的绒、肉、毛、皮兼用品种。中心产区为山西省黎城、左权、和顺等县，河北省武安、井陉、唐县、涞源等市（县）。太行山羊被毛长而光亮、多呈黑色，少数为褐色、青色、灰白色和杂色等。外层被毛粗硬而长，富有光泽；内层无髓毛为紫色，细长、富有弹性。体质结实，体格中等，结构匀称，骨骼较粗。头略显粗长，面清秀，额宽平，耳小前伸。公、母羊均有须。绝大部分有角，少数无角或有角基。太行山羊公羊7～9月龄、母羊5～7月龄性成熟，初配年龄1～1.5周岁。母羊秋末发情，多集中在11月，发情周期15～20 d，发情持续时间48 h，产羔率103%～130%。公羔初生重1.9 kg、母羔1.8 kg；公羔断奶重13.1 kg、母羔12.4 kg。羔羊断奶成活率96.5%。成年公羊个体平均产绒量达204.7 g，绒细度平均为13.7 μm，平均绒自然长度为3.6 cm。成年母羊个体平均产绒量达184.8 g，绒细度平均为13.6 μm，平均绒自然长度为3.1 cm。

八、晋岚绒山羊

晋岚绒山羊是一个新品种，由山西农业大学联合山西省牧草工作站、岢岚县畜牧兽医局和内蒙古农业大学培育而成。 2011年10月，通过了国家畜禽遗传资源委员会的新品种审定。晋岚绒山羊全身绒毛为白色，外侧为粗毛，有光泽，内层为绒毛，长相清秀，公母羊都有角，但有区别，公羊的角比较粗大，呈螺旋状向上，向外延伸，母羊的角看上去比较细小，向上向后伸展，晋岚绒山羊成年公羊产绒量平均757.3 g，绒毛自然长度平均6.47 cm，绒毛细度平均16.44 μm，净绒率61.8%。成年母羊产绒量平均485.2 g，绒毛自然长度平均5.18 cm，绒毛细度平均14.81 μm，净绒率62.3%。公羊9～19月龄达到性成熟，15～18月龄体重达到成年体重的70%时开始配种。母羊初情期7～8月龄，12～15月龄体重达到成年体重的70%时开始初配，产羔率105%以上。

第四节　内蒙古主要绒山羊品种资源

内蒙古是我国绒山羊数量最多、产绒量最高的优势产区，素有“世界羊绒看中国，中国羊绒看内蒙古”的美誉。《内蒙古自治区人民政府关于振兴羊绒产业的意见》（内政发〔2013〕74号）明确指出，要保护内蒙古优质白绒山羊品种，扭转当前羊绒产业发展的被动局面，促进羊绒产业结构调整和优化升级，继续保持内蒙古羊绒产业在全国的引领优势。20世纪80年代开始相继育成了“内蒙古白绒山羊（阿尔巴斯型、二郎山型和阿拉善型）”“乌珠穆沁白山羊”“罕山白绒山羊”3个品种和适应全舍饲圈养的高繁地方绒山羊种群（敏盖绒山羊、杭白绒山羊）。围绕绒山羊资源保护和良种繁育体系、推广体系、质量检测体系这三大体系建设，内蒙古相继出台了一系列政策和措施。全区现有国家级、自治区级及盟市级种羊场10余处，选育技术比较成熟，种源生产稳定。围绕3个主要绒山羊品种，形成了三大主要羊绒生产基地，构成了西部优质山羊绒产区和中东部优势山羊绒产区两大主产区。这3个山羊品种所产羊绒具有产量高、品质优、色泽纯白、质轻、柔软、保暖性强、手感好等特点而享誉国内外，是毛纺业中的上等原料，具有较高的经济价值。截至2022年底，内蒙古绒山羊存栏量1512.1万只，羊绒产量6049.93 t，约占全国羊绒产量的41%，其优良的绒产品品质享誉国内外，是促进牧民经济增收的主体，在保护和促进畜牧业可持续发展上发挥了重要作用。

一、内蒙古白绒山羊

内蒙古白绒山羊是经过长期选育而形成的绒肉兼用型地方良种，包括阿尔巴斯型、二郎山型和阿拉善型3个类型，对荒漠、半荒漠草原有较强的适应能力。内蒙古白绒山羊被毛白色，体质结实、结构匀称、后躯稍高、体长略大于体高、四肢强健、蹄质坚实，面部清秀、鼻梁微凹、眼大有神、两耳向两侧展开或半垂、有前额毛和下颌须，公羊有扁形大角、母羊角细小、向后上、外方向伸展，尾短小、向上翘立（图1-1）。被毛分内外两层、外层为有髓长毛、毛长一般为10～20 cm，内层为细绒毛、光泽良好、绒长一般为3～8 cm、羊绒细度13～16 μm，净绒率>55.00%。生产性能一级标准见表1-1（参考农业行业标准NY 623—2002）。1988年4月，经内蒙古自治区人民政府验收命名为“内蒙古白绒山羊”新品种。

图1-1　内蒙古白绒山羊（左图成年公羊、右图成年母羊）

表1-1　内蒙古白绒山羊一级生产性能

类群	绒长/ cm	产绒量/ g	抓绒后体重/ g
成年公羊	≥5.5	≥45.0	≥600.0
育成公羊	≥5.0	≥30.0	≥450.0
成年母羊	≥4.0	≥22.0	≥380.0
育成母羊	≥4.0	≥27.0	≥400.0

注：数据来自农业行业标准NY 623—2002。

1. 阿尔巴斯型白绒山羊

内蒙古阿尔巴斯型白绒山羊主要分布于鄂尔多斯市鄂托克旗、鄂托克前旗和杭锦旗等地区。阿尔巴斯白绒山羊大多分布在干旱、半干旱、地形复杂的山区和荒漠、半荒漠草场以及高原草地上，生态环境脆弱，气温变化剧烈，植被稀疏，风大沙多。使其具备了很强的抗逆性和极其广泛的采食性，能利用其他家畜不能利用的植被，是荒漠、半荒漠地区利用草场资源和转化农业副产品的主要畜种之一。其绒、肉产品又是当地农牧民的主要经济来源，并取得较好的经济效益。阿尔巴斯白绒山羊被列为中国20个优良品种之一，被誉为“软黄金”“纤维宝石”。

体型外貌：阿尔巴斯白绒山羊全身皮毛纯白，体质结实，背腰平直，后躯略高，体躯深而长、臀斜、四肢端正有力，蹄质结实。面凹而清秀，眼大明亮有神，两耳下垂。额部有一束长卷毛，体形外貌有发达的额毛和髯。公母羊均有角，公羊角粗大，母羊角细小，两角向上向后，角尖向外伸展，呈半螺旋状“倒八”字形。

体尺体重：成年公羊平均体高72.5 cm，抓绒后平均体重56.7 kg。母羊平均体高58.5 cm，抓绒后平均体重34.6 kg。公羔平均初生重2.90 kg、母羔2.51 kg；断奶重公羔23.5 kg、母羔15.8 kg。

产绒性能：被毛分内外两层，外层由光泽良好的粗长毛组成，内层由柔软而纤细的绒毛组成。体表生长着22～28 cm长的粗毛，可对底绒产生很好的保护作用。成年公羊产绒高者1000 g以上，母羊600 g以上。细度14～16 μm，净绒率为60%。手感柔软。该山羊绒光泽好、洁白柔软、纤维长、净绒率高，是山羊绒中的佼佼者，成为民族工业和地方经济的一大亮点。

繁殖性能：阿尔巴斯型绒山羊6～12月龄性成熟，18月龄初配。母羊发情季节主要在7—11月，发情周期20 d左右，妊娠期150 d左右，产羔率95%～140%。羔羊成活率95%～98%。

2. 二郎山型白绒山羊

二郎山型白绒山羊是绒肉兼用的优良地方品种，主要产地为阴山山脉一带的乌拉特中、后、前旗及磴口县的山地、丘陵、高平原地区。具有适应性强、抗病能力强的特点，能充分利用半荒漠草原和山地牧场生产优质羊绒。二狼山白绒山羊的绒细而柔软，具有丝光强、伸度大、净绒率高的特点。2022年存栏数量251万只，能繁母羊137.8万只，能繁母羊数量较2010年下降了8.70%，主要原因是禁牧、草畜平衡和以草定畜政策的实施，养殖效益不显著，农牧民养殖优质白绒山羊积极性不高。

体型外貌：体质结实，体躯结构均衡，体格较大，头短而清秀，眼大而有神，形状为三角形，面部平直，耳大向侧面伸展，公、母羊均有角，公羊角大，向后上外呈半螺旋状伸展，母羊角细小呈“倒八”字形，角的颜色呈灰色。颈长短宽窄适中，无肉垂，背腰平直，尻斜，胸部宽深，肋部外张，四肢坚实有力，蹄质结实，尾短且上翘，肌肉发育良好。

体尺体重：羔羊初生重2.26～2.50 kg，断奶重公羔19.97～26.98 kg、母羔15.29～23.3 kg，羔羊断乳重平均达到18.60 kg，12月龄公羊体重达到24～32 kg，成年公羊平均体高67.8 cm，体重58.6 kg。母羊体高57.6 cm，体重达到37.9 kg。

产绒性能：二郎山型绒山羊所产羊绒颜色正白，羊绒纤维长、光泽好、强度大、白度高、柔韧性佳。被毛乳白色，有光泽，平均毛长15 cm，绒毛厚度4.35～4.82 cm。公羊产绒量平均1030.7 g，母羊649.1 g，细度12～15 μm，长度4～5 cm，净绒率55%以上。

繁殖性能：良好的饲养管理条件下，公母羊一般在出生后7～8月龄即可性成熟，公羊宜在12月龄以后参加配种，公羊在2.5～5岁的配种能力较强，母羊从2岁开始产羔，平均妊娠期150 d，产羔率为103%～105%，羔羊成活率95%。

3. 阿拉善型白绒山羊

阿拉善型白绒山羊是国内外绒质最好的山羊品种，适应性强，遗传性能稳定，所产绒毛细长，色泽好，净绒率高，纺织性能好，是经过长期自然人工本品种选育形成的地方良种，细度指标上在同类产品中独具优势。阿拉善白绒山羊主要分布在内蒙古阿拉善盟、阿拉善左旗、阿拉善右旗、额济纳旗，目前全盟存栏50.90万只左右。在严酷的生态条件下有较强的生存力，具有耐粗饲、易抓膘、抗逆性和抗病力强等特点，非常适宜在荒漠和半荒漠地区养殖。

体型外貌：全身被毛纯白，分内外两层，外层为光泽良好的粗毛，长毛型毛长15～20 cm。内层为柔软纤细的绒毛，绒毛长度4～8 cm。体躯呈长方形，体质结实，结构匀称，体格中等。头清秀，额顶有长毛，颌下有须。公羊角扁而粗大，向后方两侧螺旋式伸展；母羊角细小，向后方伸出。两耳向两侧伸展或半垂，鼻梁微凹。颈宽厚，胸宽而深，肋开张，背腰平直，后躯稍高，尻斜。四肢端正、强健有力，蹄质结实。尾短小，尾向上翘。

体尺体重：阿拉善型白绒山羊较其他绒山羊品种体格略小，但生长发育快。羔羊出生重公、母分别为2.6 kg、2.3 kg，育成公、母羊平均体重分别为35.2 kg、24.9 kg，成年公、母羊平均体重分别为46 kg、36.3 kg。成年公、母羊平均体高分别为67.5 cm、60.4 cm。

产绒性能：阿拉善型白绒山羊的最大特点是绒毛品质好，所产绒毛细长，色泽好，净绒率高，纺织性能好，全盟绒山羊绒细度在14.5 μm以下占65%，公羊产绒在633.6 g左右，母羊595.5 g，净绒率65%以上。

繁殖性能：内蒙古白绒山羊（阿拉善型）6～12月龄性成熟，18月龄初配。母羊发情季节主要集中在7—11月，发情周期18～21 d，发情持续期48 h左右，妊娠期145～155 d，产羔率95%～160%，羔羊成活率92%～97%。

二、罕山白绒山羊

罕山白绒山羊是绒肉兼用型的地方优良品种，以产绒量高、绒毛品质优良著称，1995年9月内蒙古自治区人民政府验收命名新品种。主要分布于赤峰市的巴林右

旗、巴林左旗、阿鲁科尔沁旗和通辽市的扎鲁特旗、库伦旗、霍林郭勒市，数量约120万只。罕山白绒山羊体格较大，后躯稍高，体长略大于体高。面部清秀，眼大有神，两耳向两侧伸展或半垂，额前有一束长毛，有下颌须。公、母羊都有角，公羊呈扁螺旋形大角，向后、外、上方扭曲伸展，母羊角细长（图1-2）。全绒毛纯白，分内外两层，外层为长粗毛，光泽良好，毛长10 cm以上，内层为细绒毛，绒细度12～16 μm，净绒率65%，产羔率109%～119%。生产性能一级标准见表1-2（参考内蒙古自治区地方标准DB15/ T 158—2018）。

图1-2　罕山白绒山羊（左图成年公羊、右图成年母羊）

表1-2　罕山白绒山羊一级羊生产性能

类群	绒厚/ cm	产绒量/ g	抓绒后体重/ kg	体尺/ cm		
				体高	体长	胸围
育成公羊	6.0	700.0	33.0	55.0	69.0	68.0
育成母羊	5.2	450.0	30.0	54.0	65.0	64.0
成年公羊	7.5	1000.0	46.0	64.0	75.0	72.0
成年母羊	5.8	500.0	38.0	62.0	72.0	71.0

注：数据来自内蒙古自治区地方标准DB15/T 158—2018。

三、乌珠穆沁白绒山羊

乌珠穆沁白绒山羊是长期本品种选育而形成的优良品种，属草原型绒肉兼用山羊品种，1994年4月内蒙古自治区人民政府验收命名新品种。主要产于内蒙古锡林郭勒盟的东乌珠穆沁旗、西乌珠穆沁旗以及邻近地区，分布区草场属草甸草原和典型草原。乌珠穆沁白绒山羊体格大，体质结实，结构匀称，胸宽而深，背腰平直，后躯稍高，体长略大于体高，近似长方形。头稍大，额宽，鼻梁平直，公羊和多数母羊有角，公羊角粗长呈扁形，母羊角细长，向上、后、外方向伸展（图1-3）。被毛全白，绒白色，光泽良好，自然绒长不低于4 cm，绒细度13～16 μm，净绒率为60%以上。6月龄羔羊屠宰率52%以上，经产母羊产羔率110%以上。生产性能一级标准见表1-3（参考内蒙古自治区地方标准DB15/ T 9—2020）。

图1-3　乌珠穆沁白绒山羊（左图成年公羊、右图成年母羊）

表1-3　乌珠穆沁白绒山羊一级羊体重和产绒量

类群	抓绒后体重/kg	秋季体重/kg	产绒量/g
育成公羊	31.0	45.0	320.0
育成母羊	26.0	41.0	300.0
成年公羊	53.0	70.0	450.0
成年母羊	37.0	58.0	410.0

注：数据来自内蒙古自治区地方标准DB15/T 9—2020。

四、高繁高产绒山羊

高繁高产绒山羊是以辽宁绒山羊为父本，阿尔巴斯白绒山羊为母本，杂交培育的产绒量高、繁殖率高、肉质优、适应性强、遗传稳定、适于舍饲养殖的优质绒山

羊种群，主要分布在鄂尔多斯市伊金霍洛旗、杭锦旗。被毛全白，体格大，体质结实，结构匀称，胸宽而深，背腰平直，四肢端正，蹄质坚实，耳斜立，额顶有长毛，颌下有髯，公、母羊均有角，公羊角粗大、向后弯，母羊角向后上方捻曲翘立，尾短而小，向上翘立，绒毛长而密（图1-4）。生产性能一级标准见表1-4（参考内蒙古自治区地方标准DB15/T 1098—2017）。

图1-4　高繁高产绒山羊（左图成年公羊、右图成年母羊）

表1-4　高繁高产绒山羊一级羊生产性能

羊别	繁殖率	产绒量/g	抓绒后体重/kg	绒厚度/cm	细度/μm
成年公羊	—	≥1800	≥65	≥11	≤16.50
成年母羊	180%	≥1200	≥50	≥11	≤16.50
周岁公羊	—	≥1000	≥48	≥10	≤16.00
周岁母羊	—	≥800	≥35	≥10	≤15.50

注：数据来自内蒙古自治区地方标准DB15/T 1098—2017。

第五节　内蒙古绒山羊品种资源利用的问题及发展形势

一、存在的问题

尽管内蒙古绒山羊遗传改良取得了较大的成绩，但仍然存在一些突出的问题。一是绒山羊遗传资源保护需要加强，特别是乌珠穆沁白绒山羊种群数量锐减，保种压力较大。二是优质种羊供种能力不足。种羊场较少，基础设施相对落后、核心群体规模小、种羊质量参差不齐，不能满足优质和快速发展的用种需求，仍有部分种羊来自自选自繁，留作种用。三是种羊选育提高工作有待提高。重产量、轻质量，种羊的羊绒细度有变粗趋势；绒山羊的优良特性没有得到有效挖掘，其产（绒）毛性能还有提升空间，肉用性能、繁殖性能等较低。四是选育工作缺乏有效的规划与指导。绒山羊良种登记、性能测定、遗传评估、配合力测定等基础工作尚未有效系统开展。五是引种不规范，重改良、轻选育，种羊质量监督管理体系尚不完善。良种繁育体系、良种推广体系、良种监测体系三大体系的框架基本构建起来，但不完善，功能和作用不强，存在基础设施明显薄弱，技术推广装备较差，手段落后，种羊培育、推广和质量监督管理机制尚不完善。六是投入和科技支撑不强。与其他畜种相比，绒毛用羊行业科技研发、技术试验示范推广、人才储备、机械装备等较差，创新能力较弱；项目较少，投入严重不足。七是绒山羊产业链条不完整，各环节不能协调发展。种业作为龙头的带动作用没有充分体现，种羊、饲养、加工、流通各环节也不能协调有序，利益合理分配，未形成“双赢”机制。

二、绒毛用羊种业未来发展形势研判

畜牧业的现代化，种业的发展是关键，创新种业发展思路和措施，是提高养殖业市场竞争力的关键。畜禽品种资源是提高畜牧业的主要物质基础，直接关系到国计民生及畜牧业生产力的发展。通过畜禽品种资源保护，为内蒙古培育优质高产畜禽品种打下良好的物质基础，可促进畜牧业快速可持续发展。内蒙古是国家重要绿色农畜产品产区，畜产品市场将更加开放，竞争将更加激烈。内蒙古绒山羊产业独具特色，在国内外享有盛誉和较高的市场占有率，做好内蒙古绒山羊地方品种、培育品种的保护和合理开发利用工作，提升品牌效应，将极大地提高内蒙古畜产品在国内外市场的竞争力，将产生显著的社会、经济和生态效益。

第二章　内蒙古绒山羊遗传特性

第一节　绒山羊遗传多样性及品种保护利用

一、内蒙古绒山羊遗传多样性

遗传多样性（Genetic Diversity）是指生物种内的遗传变异。群体内的个体间变异、群体间变异、品种间变异等，研究对象均为同一种。遗传多样性包括表型的多态（形态、生理等性状）、染色体的多态（染色体的变异）、蛋白质的多态（同工酶、等位酶等）、基因的多态（复等位基因）。内蒙古绒山羊包括内蒙古白绒山羊（阿尔巴斯型、二郎山型和阿拉善型）、乌珠穆沁白山羊、罕山白绒山羊3个品种和适应全舍饲圈养的高繁高产地方绒山羊种群（敏盖绒山羊、杭白绒山羊）。品种是影响绒山羊育种与生产的第一要因，品种不同，遗传基础不同，对选择的敏感性也有差异，而这些差异对绒山羊的选育具有重要意义。尹俊（2001）、赵艳红（2003）分别应用RAPD（随机扩增多态DNA）、SSR（微卫星）技术分析了绒山羊的遗传差异，对内蒙古绒山羊各个种群的DNA多态性做了一些基本分析，发现内蒙古白绒山羊的3个类群彼此亲缘关系较近，分化不明显；内蒙古白绒山羊与罕山白绒山羊聚为一个大类，辽宁绒山羊和乌珠穆沁白绒山羊聚为一个大类，说明内蒙古绒山羊与罕山白绒山羊有较近的亲缘关系，乌珠穆沁白绒山羊与辽宁绒山羊的亲缘关系较近。遗传多样性是长期进化的产物，是其生存适应和发展进化的前提。Li（2017）对内蒙古白绒山羊（阿尔巴斯型、二郎山型、阿拉善型）和辽宁绒山羊进行了全基因组测序，结果表明：二郎山绒山羊与辽宁绒山羊亲缘关系最近，这些遗传信息对探索我国北方绒山羊的驯化和分布具有一定的参考价值，这两个绒山羊品种的一些群体特有的分子标记在表型方面是相似的。遗传多样性越高或遗传变异越丰富，生物对环境变化的适应能力就越强，了解绒山羊遗传多样性的大小、时空分布及其环境条件的关系，我们就可以为开展内蒙古绒山羊种质特性研究及资源保护和利用提供科学依据。

二、内蒙古绒山羊品种保护利用

促进畜牧业可持续发展构建生物多样性，离不开地方畜禽品种资源，一旦丧失动物遗传资源，将难以再次恢复。地方畜禽品种具有良好的口感和较高的繁殖力，抗病力、抗逆性等方面显著优于混交品种，遗传基因十分优良。同时，通过开发利用地方畜禽品种资源，也能够培育更多优质的畜禽新品种。但受诸多因素的综合作用，目前畜禽品种资源呈现出逐渐减少的态势。因此，要深入开展保护、开发工作，提高优良性状，维持动物遗传资源的多样性，满足畜牧业可持续发展的要求。内蒙古从长远发展战略出发，实行了“退牧还林还草”等工程，转变了绒山羊生产和饲养方式，同时积极研究绒山羊饲养方式改变后应采取的各种措施和技术。这些措施的实施稳定了内蒙古绒山羊产业。2009年内蒙古自治区人民政府出台了《关于扶持羊绒产业发展的实施方案》、2013年出台了《关于振兴羊绒产业发展的意见》，从政策层面扶持羊绒产业健康发展。近几年自治区财政以及地方财政均设立专项资金，从资金角度大力扶持绒山羊产业，通过政府、科研院所、企业和养殖户的密切合作，构建完善的绒山羊资源保护和利用模式。2015—2022年内蒙古自治区市场监督管理局发布了有关绒山羊地方标准40余项，为自治区规范绒山羊培育、饲养管理、绒肉产品生产加工及销售等提供了依据，为促进内蒙古绒山羊产业的健康发展提供了技术支撑。为促进绒山羊的选育工作，激发牧民养殖优质绒山羊的积极性，阿拉善盟、鄂尔多斯市等多次开展了绒山羊种羊比赛、山羊绒拍卖会等活动。各盟市积极注册绒山羊相关商标或地理标志（阿尔巴斯山羊肉，阿拉善绒山羊等），加强品牌建设，推动绒山羊产业的整体发展。通过内蒙古白绒山羊种羊场、阿拉善白绒山羊种羊场、同和太种畜场、罕山白绒山羊种羊场、乌珠穆沁羊原种场、敏盖绒山羊繁育中心等原种场，因地制宜积极开展绒山羊保种工作。

在市场经济条件下，探索新的保种机制，为使内蒙古绒山羊保种工作持续长久的发展，要将当前绒山羊产业上游、下游形成产业联合体，羊绒交易实现优质优价，营造公平、公正、公开透明的交易环境和竞争机制，健全市场规则，规范市场行为，建立起以市场为纽带，能兼顾双方利益的运行机制。扭转广大牧民片面追求饲养高产羊而忽视保护羊绒质量的情况，要让饲养优质绒山羊的牧民经济上不吃亏，从而促进优质绒山羊的养殖。保护好内蒙古绒山羊优秀资源，实现可持续发展。

第二节　绒山羊主要经济性状的遗传分析

绒山羊是绒肉兼用型品种，主要经济性状包括产绒性状、繁殖性状和生长性状。产绒性状包括绒细度、绒长度、产绒量、净绒率等。繁殖性状包括产羔率、双羔率、繁殖率等。生长性状包括初生重、断乳重、周岁重、成年体重和日增重等。绒山羊主要经济性状的开发和利用存在许多矛盾，最为主要的矛盾是只追求产量，却忽视了其质量。遗传育种为解决这些矛盾提供了答案，绒山羊经济性状属于微效多基因控制的数量性状，受“多因一效”和“一因多效”机制的控制，遗传力较低，性状间相互影响，对经济性状进行遗传规律分析是提高育种效率的基础，为制定科学的选育方法提供依据，对产业的发展具有重要理论和实践意义。

一、产绒性状

内蒙古白绒山羊所产羊绒是珍贵的纺织原料，具有绒纤维细、光泽度高、绒纤维长、绒毛手感柔软等特点，有很高的经济价值。由绒山羊不同年龄生产性能变化规律可知，公、母羊间产绒量和绒细度差异较大、1岁和其他年龄阶段差异也较大，见图2-1。

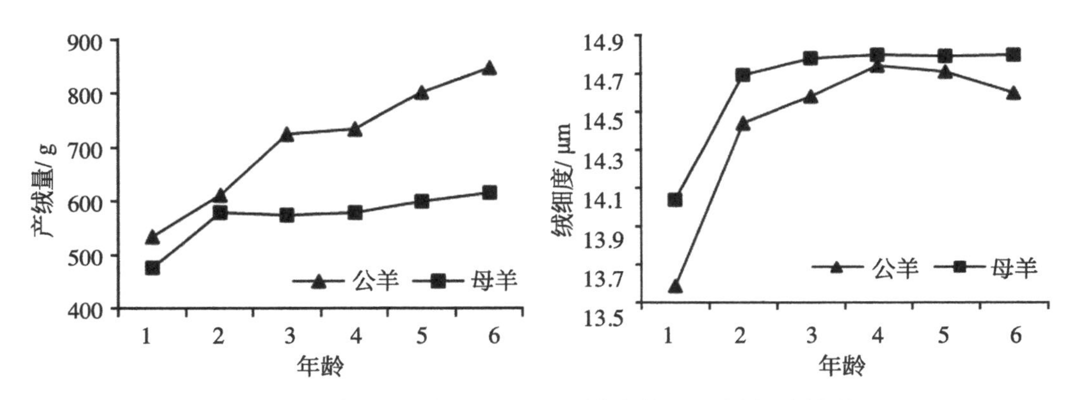

图2-1　内蒙古绒山羊不同年龄产绒量和绒细度比较

绒山羊绒细度、绒厚度、产绒量和抓绒后体重的固定效应见表2-1，年份、群性别对各个性状均存在极显（$P<0.01$）著差异的影响，而年龄除了对产绒量的影响显著（$P<0.05$）外，对其他性状的影响都极显著（$P<0.01$）。

表2-1　绒山羊育种核心群不同性状固定效应

性状	年份	群	年龄	性别
绒细度	P<0.0001**	P<0.0003**	P<0.0008**	P<0.0015**
绒厚度	P<0.0004**	P<0.0004**	P<0.0015**	P<0.0014**
产绒量	P<0.0006**	P<0.0022**	P<0.0164*	P<0.0052**
抓绒后体重	P<0.0016**	P<0.0029**	P<0.0087**	P<0.0093**

注：**表示差异极显著；*表示差异显著。

绒山羊绒细度、绒厚度、产绒量和抓绒后体重的方差组分和遗传参数评估结果见表2-2。绒细度、绒厚度、产绒量和抓绒后体重的遗传力分别是0.35、0.21、0.36和0.26。绒细度、绒厚度、产绒量和抓绒后体重的表型相关在0.09～0.28，遗传相关在0.05～0.30，产绒量与绒厚度存在较高表型相关（0.28）和遗传相关（0.30）。

表2-2　不同性状间的表型相关、遗传相关及各性状遗传力

性状	绒细度	绒厚度	产绒量	抓绒后体重
绒细度	0.35	0.15	0.11	0.05
绒厚度	0.18	0.21	0.28	0.09
产绒量	0.05	0.30	0.36	0.24
抓绒后体重	0.10	0.16	0.10	0.26

注：对角线为遗传力，上三角为表型相关，下三角为遗传相关。

二、繁殖性状

提高内蒙古白绒山羊的繁殖力是养羊规模化、产业化及持续发展重要的保证。繁殖性状也是养殖业的重要经济性状之一，其中产羔数是影响生产效益的重要因素，它直接影响羊肉、羊毛生产的经济效益。提高绒山羊的繁殖性能是非常必要的。所以研究绒山羊繁殖性状遗传规律为培育优质、高产的内蒙古白绒山羊奠定了坚实的理论基础和技术支撑。

绒山羊繁殖相关性状的固定效应见表2-3，测定年份对出生窝重、断乳重、断乳窝重和窝产羔数有极显著的影响（$P<0.001$）；群别对初生重、断乳窝重、窝产羔数

和妊娠期有极显著影响（$P<0.001$），对出生窝重有显著影响（$P<0.05$）；性别仅对初生重和断乳重有极显著的影响（$P<0.001$）；母羊年龄、母羊胎次和配种月份对除妊娠期以外的其他性状都有极显著的影响（$P<0.001$）；配种月份对初生重、断乳重、断乳窝重和窝产羔数有极显著的影响（$P<0.001$），对妊娠期也有极显著的影响（$P<0.01$）。

表2-3　固定效应对每个性状的影响

性状	测定年份	群别	性别	母羊年龄	胎次	配种年份	配种月份
初生重	ns	***	***	***	***	***	***
出生窝重	***	*	ns	***	***	***	ns
断乳重	***	ns	***	***	***	***	***
断乳窝重	***	***	ns	***	***	***	***
窝产羔数	***	***	ns	***	***	***	***
妊娠期	ns	***	ns	ns	ns	ns	**

注：由于P值较小，因此通过使用显著性来表示固定效应的显著性，$P<0.001$为极显著，$P<0.05$为显著，$P>0.05$为无显著性。

内蒙古白绒山羊繁殖性状的方差组分和遗传力见表2-4。初生重、窝产羔数、断乳重、出生窝重和断乳窝重的遗传力分别为0.148、0.138、0.204、0.163和0.121，属于中等遗传力（$0.1\leqslant h^2\leqslant0.3$）。妊娠期的遗传力为0.322，属于高遗传力性状（$h^2>0.3$）。

表2-4　方差分量和遗传力的估计

性状	σ_a^2	σ_m^2	σ_c^2	σ_e^2	h_T^2	SE of h_T^2
初生重	0.030	0.061	0.000	0.123	0.148	0.039
窝产羔数	0.026	0.080	0.000	0.083	0.138	0.029
断乳重	0.859	0.190		3.162	0.204	0.055
妊娠期	2.081	1.245		3.120	0.322	0.052
出生窝重		0.083		0.429	0.163	0.023
断乳窝重		2.373		17.173	0.121	0.025

注：σ_a^2：直接加性遗传方差；σ_m^2：母体遗传效应方差；σ_c^2：母体永久环境效应；σ_e^2：剩余方差；h_T^2：直接遗传力；SE of h_T^2：直接遗传力的标准差。

内蒙古白绒山羊繁殖性状的表型相关和遗传力相关如表2-5所示。遗传相关系数的范围为-0.49～0.73，其中窝产羔数与出生窝重的遗传相关系数最高为0.726，与初生重遗传相关系数最低为-0.49。表型相关的范围为-0.50～0.65，其中断乳窝重与出生窝重的表型相关系数最高0.654，其次为窝产羔数与出生窝重的表型相关系数0.61，窝产羔数和初生重的表型相关系数最小-0.50。

表2-5　繁殖性状之间的遗传和表型相关

性状	初生重	出生窝重	断乳重	断乳窝重	窝产羔数	妊娠期
初生重		0.69 ± 0.06***	0.67 ± 0.15***	0.31 ± 0.09***	−0.49 ± 0.05***	0.39 ± 0.08***
出生窝重	0.17 ± 0.01***		0.31 ± 0.14*	0.68 ± 0.08***	0.73 ± 0.07***	0.05 ± 0.08ns
断乳重	0.33 ± 0.06***	0.03 ± 0.01*		0.55 ± 0.12***	−0.40 ± 0.24ns	0.34 ± 0.41ns
断乳窝重	0.02 ± 0.00***	0.65 ± 0.01***	0.14 ± 0.02***		0.53 ± 0.05***	−0.42 ± 0.16**
窝产羔数	−0.50 ± 0.02***	0.61 ± 0.01***	−0.19 ± 0.07***	0.26 ± 0.012***		−0.21 ± 0.07***
妊娠期	0.11 ± 0.02***	0.01 ± 0.02ns	0.11 ± 0.07ns	−0.06 ± 0.02**	−0.06 ± 0.01***	

注：对角线为每个性状的遗传力，对角线上方为每个性状的遗传相关，对角线下方为每个性状的表型相关。

三、生长性状

动物的生长是一个连续的生命过程，累积生长随着时间的变化，呈一条“S”形曲线。生长的早期受体内生长动力的作用增重速度逐渐加快，这个阶段叫自加速阶段。此时的生长受环境的约束不大，增重速度达到最大，此时是生长过程的一个转折点，也叫做生长曲线的拐点，这以后生长速度逐渐下降，由于受自身生理因素反馈抑制，加上环境的影响，当动物生长到达一定体重时，增重停止，此时的体重就是成熟体重或极限体重，将这一阶段叫作自抑制阶段。动物机体的最大生长，主要取决于遗传因素。但与此同时，环境因素对出生后的生长发育，也起着重要的作用，只有满足各种营养需要和适合的饲养条件，才能够充分地发挥出动物的遗传潜力。家畜的体尺数据与家畜的生理机能和生产性能等方面密切相关，但是不同的生长发育阶段，体尺与体重之间的相关关系又不同。为指导内蒙古绒山羊的科学饲

养、品种选育等工作，研究内蒙古绒山羊的生长规律，可以充分发挥内蒙古绒山羊的生长潜力。

内蒙古绒山羊不同年龄生长性状性能变化规律可知，抓绒后体重、胸围、体高和体长随着年龄的增长而增大，见图2-2。内蒙古绒山羊生长性状的方差组分和遗传力见表2-6。

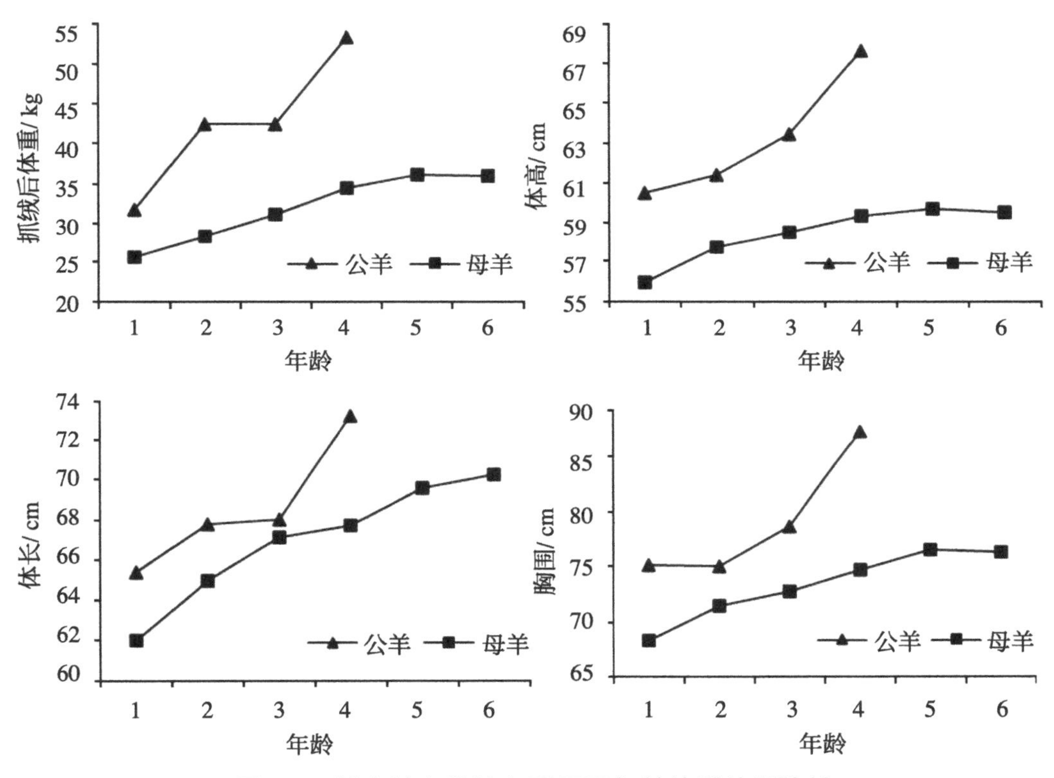

图2-2 绒山羊育种核心群不同年龄体重体尺比较

表2-6 内蒙古绒山羊体重生长性状的方差组分和遗传力

性状	σ_a^2	σ_e^2	σ_p^2	h^2
初生重	3.96	7.18	11.13	0.36
断乳重	5.23	7.75	12.99	0.40
断乳日增重	134.70	361.04	495.74	0.27
周岁重	2.71	13.13	15.84	0.17

资料来源：金鑫，2009。

第三节　内蒙古绒山羊分子遗传

分子遗传育种技术是以分子生物学为基础，遗传学为依据，在DNA分子水平上对家畜品种进行的改良，包括转基因技术、克隆技术、胚胎生物技术和分子遗传标记。分子标记在标记辅助选择（MAS）上的应用推动了育种工作的发展。

一、分子遗传育种技术在绒山羊绒毛性状上的应用

内蒙古绒山羊的毛被是由初级毛囊产生的羊毛和次级毛囊产生的羊绒组成的异质毛被，其羊绒是珍贵的纺织原料，具有很高的经济价值。研究绒毛生长发育分化过程和周期性的生理调节对于确定与绒毛性状相关基因，探索改善羊绒品质及产量的手段最终提高绒毛用羊育种效率具有重要意义。相关研究者认为微效多基因影响并控制着绒毛的主要性状，且主效基因有可能存在。

1. 角蛋白家族基因

山羊绒毛是由很多的皮肤附属器官共同调控形成的，其中绒毛中含量比较多的蛋白是角蛋白，其纤维的90%由角蛋白关联蛋白（KAPs）和角蛋白中间丝（KRT-IF）构成，角蛋白都是多基因家族编码的，KRT-IF分为酸性（I型）和碱性（II型）2种类型；角蛋白关联蛋白（KAP）包括高硫角蛋白关联蛋白（KAP1.n、KAP2.n和KAP3.n），超高硫角蛋白关联蛋白（KAP4.n、KAP5.n），高甘氨酸-酪氨酸蛋白（KAP6.n、KAP7.n和KAP8.n）。角蛋白种类或含量的多少影响绒毛的质量和数量，其组成与羊毛绒纤维的品质有密切关系。尹俊（2004）在内蒙古白绒山羊胚胎皮肤文库中发现角蛋白及角蛋白关联蛋白基因29个，其中毛发特异的蛋白20个；在成年羊皮肤文库中发现角蛋白及角蛋白关联蛋白基因35个，其中毛发特异的蛋白31个。赵苗（2008）以内蒙古白绒山羊、陕北白绒山羊两个绒山羊品种为材料，应用PCR-SSCP、PCRRFLP、aPCR-SSCP、DNA测序技术、DNA序列分析技术和生物信息学等，研究了*KAP*基因家族中的4个*HGTKAP*基因的遗传变异，结果表明*KAP6.1*和*KAP8.2*基因在陕北绒山羊和内蒙古绒山羊群体中都呈单态，*KAP6.2*基因中共揭示了2个SNP和1个缺失突变；*KAP6.2*基因的片段仅在陕北绒山羊群体中存在，并且处于哈代-温伯格（Hardy-Weinberg）平衡状态，而在内蒙古绒山羊群体中并没有检测到。不同多态基因座与内蒙古绒山羊产绒性状和抓绒后体重的方差分析表明，*KAP6.2*基因对本试验所检测的性状没有影响，*KAP8.1*基因的不同基因型对毛长性状有极显著影响，因此，该试验将*KAP8.1*基因作为毛长性状的候选基因。

2. *Hox* 家族基因

同源异形盒基因（*Homebox*基因）约含有180个碱基，可以自身编码约60个氨基酸。在结构上可以形成螺旋-转角-螺旋状的蛋白质同源结构域，能够与专门的结构特异的DNA片段序列结合，调控某些相关基因的表达，它能够调控很多角蛋白和组成毛发的某些蛋白质的翻译，进而影响毛发的绒细度或者绒数量等某些生理特征和经济性状，张燕军等（2010）利用原位杂交技术检测*Hoxa4*、*Hoxa5*、*Hoxa6*、*Hoxa7*等基因在毛囊不同生长时期的表达模式，结果显示*Hoxa4*、*Hoxa5*、*Hoxa6*、*Hoxa7*基因分别在绒山羊胚胎期和兴盛期毛囊的不同部位表达，说明*Hox*基因在绒山羊毛囊生长发育过程中扮演着重要的角色。

3. 成纤维细胞生长因子 *FGF5*

毛囊在周期性变化过程中，一个时期向另一个时期的转化是由很多信号分子调控的，各个时期的转化是一种非常有序的精细的分子调控过程。*FGF5*因子是一个控制毛囊从兴盛的长绒期向不长绒的休眠期转化的调节分子，有了它的出现，标志着大量长绒的终止。刘海英等（2009）采用PCR-SSCP和PCR-RFLP技术，在内蒙古绒山羊群体中进行*FGF5*基因多态性检测，结果发现*FGF5*基因外显子1存在限制性内切酶BglⅠ多态位点。对其不同基因型个体PCR回收产物进行测序，测序结果发现该SNP是由碱基序列C→T的突变而引起的。基因型和基因频率统计，该实验群体以等位基因A具有明显的优势，χ^2检验表明该SNP位点的基因频率处于Hardy-Weinberg平衡状态；对该SNP与绒毛性状关联分析，表明该SNP对绒纤维伸直长度（$P<0.01$）和含绒量（$P<0.05$）。AB基因型个体绒纤维伸直长度（$P<0.01$）和含绒量（$P<0.05$）显著高于AA基因型个体。高原等（2016）以采用基因打靶技术获得的靶除*FGF5*基因的内蒙古白绒山羊，通过对其进行绒毛指标测定，结果表明与对照白绒山羊相比，靶除*FGF5*基因绒山羊的绒长度明显降低、细度明显变粗和毛长度明显增加。

4. 胰岛素样生长因子 *IGF*

1957年首次发现胰岛素样生长因子1（*insulin-like growth factor-1*，*IGF-1*）以后人们开始关注和研究*IGF-1*，随着研究的深入陆续发现了*IGF*家族的其他成员。胰岛素样生长因子（*IGF*）家族的主要成员是*IGF-1*和*IGF-2*，对毛囊的上皮和真皮均有刺激作用，其中以*IGF-1*较为显著，广泛分布在毛囊、毛乳头及真皮纤维细胞，对毛囊的上皮和真皮成分均有刺激作用。由于*IGF*和IGFBP（胰岛素样生长因子结合蛋白）之间存在广泛的相互作用，IGFBP有可能会在毛囊发育和生长的一个或多个环节发挥作用。在毛囊衰退期因受*IGFBP-3/4/5*等因子的刺激，从而影响毛囊细胞周期性生长的进程。同时，从衰退期向兴盛期过渡的时候，从皮肤附属器官毛乳头成纤维细胞中分泌产生出*IGF-1*等生长刺激因子，其作用是可以刺激毛基质角质化细胞的增殖和分化，进一步加速毛囊发育。*IGFBP-3*是血清中*IGF*的主要载体，主要由肝脏合成，自身还具有*IGF*非依赖性作用，其通过与循环和组织中的*IGF-1*非共价结合，延长半衰期而对*IGF-1*的功能起到重要的调节作用。宝梅英等（2012）采用RT-PCR克隆基因，将得到的*IGF-IR*基因cDNA片段的核苷酸序列及其编码的氨基酸序列进行生物信息学分析，获得了内蒙古白绒山羊*IGF-IR*基因3′端编码区2118 bP的cDNA序列，编码705个氨基酸残基。半定量RT-PCR检测表明，*IGF-IR*基因在绒山羊脑、胰腺、肝、肾组织中均有表达。于新蕾等（2013）采用实时荧光定量PCR技术，对内蒙古白绒山羊绒毛生长发育的各个时期皮肤中*IGFBP-1*和*IGFBP-6*基因的表达进行了测定，结果表明，*IGFBP-3*和*IGFBP-5*在绒山羊绒毛生长发育的各个时期的皮肤组织中均有表达，但是*IGFBP-5*的表达相对于*IGFBP-3*的表达具有很强的规律性。结果提示，在内蒙古白绒山羊的绒毛发育过程中，*IGFBP-5*可能是一个主要的调控因子。

5. *ALX* 同源框基因家族

*ALX*同源框基因家族包括*ALX1*、*ALX3*和*ALX4*，脊椎动物的*ALX*基因具有多种重要的发育作用，如神经管的闭合、肢体发育和颅面发育，小鼠*ALX*基因在胚胎颅区表现出相似的发育表达模式。功能研究显示*ALX4*基因与Sonic hedgehog（Shh）通路可形成负反馈回路，还可调节Wnt/ -catenin信号通路中的重要调节因子*lef1*。惠太宇等（2019）将筛选出的*ALX4*基因3′UTR靶标miRNAs与辽宁绒山羊和内蒙古绒山羊品种间皮肤miRNAs高通量测序结果共聚焦来验证筛选得到的miRNAs是否具有羊绒细度潜在调控作用，结果发现*ALX4*的3个靶标miRNAs可能对羊绒细度候选基因发挥重要的正调控作用，由此可以推测*ALX4*可能是一个与绒毛品质相关的基因。张治龙等（2020）对内蒙古绒山羊*ALX4*基因的3′-UTR、5′-UTR、外显子、启动子序列进行扩增并测序。结果表明，*ALX4*基因启动子区存在SNP1（T-1700C），3′-UTR区存在SNP2（T-14621C）、SNP3（T-15433C）、SNP4（G-16377C）、SNP5（A-17780G）和SNP6（A-18044G）。*ALX4*基因SNP4位点与毛长性状显著相关（$P<0.05$），GG基因型个体毛长显著高于CC型和CG型个体（$P<0.05$）；SNP6位点与绒细性状显著相关（$P<0.05$），AA型个体绒细度显著高于GG型和AG型个体（$P<0.05$），见表2-7；*ALX4*基因3′-UTR区5个SNP的不同单倍型组合与毛

长性状显著相关（*P*<0.05），H1H1个体毛长显著高于HIH7、H1H12、H4H7和H7H7（*P*<0.05）。*ALX4*基因可以作为内蒙古绒山羊分子标记辅助选育的关键基因，在绒山羊育种工作中可以选择SNP6位点AG基因型个体进行超细绒山羊选育。

表2-7 *ALX4*基因SNP的不同基因型对绒毛性状的影响

SNP位点	性状	基因型		
SNP1		CC	CT	
	毛长/cm	18.17 ± 0.41	18.76 ± 0.86	
	绒厚/cm	5.12 ± 0.07	5.18 ± 0.14	
	绒细/μm	15.24 ± 0.08	15.38 ± 0.18	
	产绒量/g	650.42 ± 11.63	624.07 ± 24.74	
SNP2		TT	CT	CC
	毛长/cm	17.63 ± 0.48	18.80 ± 0.59	19.94 ± 1.16
	绒厚/cm	5.20 ± 0.08	5.08 ± 0.09	5.13 ± 0.18
	绒细/μm	15.11 ± 0.10	15.46 ± 0.11	15.21 ± 0.22
	产绒量/g	641.10 ± 13.25	649.26 ± 16.13	685.42 ± 33.19
SNP3		CC	CT	TT
	毛长/cm	17.80 ± 0.49	18.85 ± 0.61	19.94 ± 1.16
	绒厚/cm	5.21 ± 0.08	5.09 ± 0.10	5.13 ± 0.19
	绒细/μm	15.12 ± 0.10	15.41 ± 0.12	15.21 ± 0.22
	产绒量/g	645.08 ± 13.38	643.77 ± 16.63	674.31 ± 31.70
SNP4		CC	CG	GG
	毛长/cm	18.26 ± 0.56^{b}	17.85 ± 0.47^{b}	20.26 ± 0.92^{a}
	绒厚/cm	5.08 ± 0.09	5.22 ± 0.08	5.26 ± 0.15
	绒细/μm	15.32 ± 0.12	15.28 ± 0.10	15.48 ± 0.19
	产绒量/g	668.45 ± 15.00	625.56 ± 13.30	607.14 ± 24.78
SNP5		GG	AG	AA
	毛长/cm	17.97 ± 0.48	18.17 ± 0.62	21.57 ± 1.34
	绒厚/cm	5.10 ± 0.08	5.22 ± 0.10	5.15 ± 0.22
	绒细/μm	15.31 ± 0.10^{b}	15.20 ± 0.13^{ab}	15.63 ± 0.26^{a}
	产绒量/g	645.42 ± 13.40	659.90 ± 17.31	607.01 ± 38.61

续表

SNP位点	性状	基因型		
		GG	AG	AA
SNP6	毛长/cm	17.76 ± 0.50	18.60 ± 0.61	21.46 ± 1.36
	绒厚/cm	5.04 ± 0.08	5.23 ± 0.10	5.16 ± 0.22
	绒细/μm	15.26 ± 0.10[b]	15.23 ± 0.12[b]	16.00 ± 0.26[a]
	产绒量/g	637.76 ± 12.40	638.55 ± 15.85	603.13 ± 35.53

二、分子遗传育种技术在绒山羊繁殖性状上的应用

对内蒙古绒山羊*GDF9*、*BMP5*、*BMPR1B*和*B4GALNT2*多胎性状候选基因的SNP位点进行测序和生物信息学分析，并探明其与产羔数的相关性，为开展内蒙古绒山羊分子标记辅助育种提供候选SNP位点，并为提升内蒙古绒山羊育种效率提供理论参考。利用MultiPSeq多重PCR以及二代高通量技术检测*GDF9*、*BMP15*、*BMPR1B*和*B4GALNT2*基因相关SNP位点多态性，并与产羔数进行关联分析。将质控后的数据由GATK分析预测得172个SNP位点，其中*BMPR1B*基因相关SNP位点95个，8个位点与产羔数显著关联；*B4GALNT2*基因相关SNP位点33个，与产羔数显著相关的SNP位点2个；*BMP15*基因相关SNP位点26个，未检测到与产羔数显著相关位点；*GDF9*基因相关SNP位点18个，其中2个与产羔数显著相关（$P<0.05$）。通过研究揭示了内蒙古白绒山羊多胎性状相关*GDF9*、*BMP5*、*BMPR1B*和*B4GALNT2*基因的SNPs位点序列特征差异，并获得了与产羔数显著相关的SNP位点共12个（图2-3），为绒山羊分子辅助育种提供了参考。

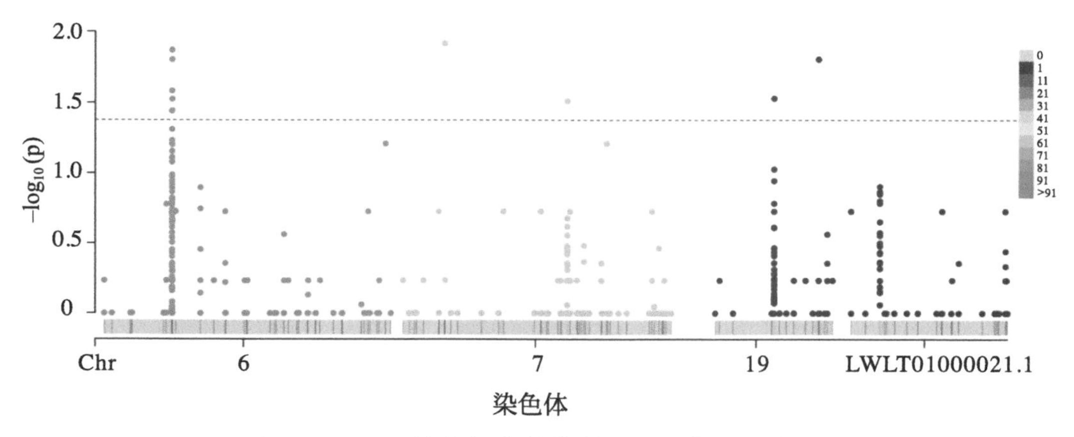

图2-3　SNP位点与产羔数的关联分析曼哈顿图

三、分子遗传育种技术在绒山羊生长性状上的应用

王聪亮等（2021）以内蒙古白绒山羊母羊为研究对象，检测*CMTM2*基因的插入/缺失（insertion/ deletion，InDel）突变，分析突变位点与生长性状的相关性。结果显示，在内蒙古白绒山羊*CMTM2*基因启动子区存在1个14-bP InDel突变；在育成羊和成年羊群体中产生I型和D型两种等位基因，I型等位基因频率均高于D型，均产生插入型（II）、杂合型（ID）和缺失型（DD）3种基因型；多态信息含量分析显示，该InDel突变位点在育成羊和成年羊群体中均为中度多态（$0.25 < PIC < 0.50$）；关联分析发现，在育成羊群体中（n=460），该突变位点与十字部高显著相关（$P < 0.05$）；在成年羊群体中（n=215），该突变位点与体高（$P < 0.05$）、胸围（$P < 0.05$）、十字部高（$P < 0.01$）、胸深（$P < 0.05$）、绒细度（$P < 0.01$）显著或极显著相关；进一步的关联分析发现，在育成羊和成年羊全部群体中（n=675），该突变位点与绒细度显著相关（$P < 0.05$）。因此，*CMTM2*基因可作为内蒙古白绒山羊生长性状选育的候选基因。王真等（2019）探究生长激素受体（GHR）和生长分化因子9（*GDF9*）基因多态性与内蒙古白绒山羊生产性状的相关性。在育成羊中，*GHR*基因第1内含子中9-bPInDel位点纯合插入基因型个体体质量、体长、胸围和胸宽均值显著大于杂合基因型个体（$P < 0.05$）；在成年羊中该位点两种基因型间各生长指标差异不显著（$P > 0.05$）。在育成羊中，*GDF9*基因3'调控区12-bPInDel位点杂合基因型和纯合缺失基因型个体体质量、体高和胸围均值极显著大于纯合插入基因型（$P < 0.01$）；在成年羊中，*GDF9*基因该InDel位点纯合插入基因型个体体质量、胸围和管围均值显著大于纯合缺失基因型（$P < 0.05$）。*GDF9*基因3'调控区12-bPInDel位点和*GHR*基因第1内含子中9-bPInDel位点多态性与内蒙古白绒山羊体质量和部分生长性状具有显著或极显著的相关性。

第四节　内蒙古绒山羊数量遗传

我国绒山羊育种相较于其他家畜起步较晚，20世纪80年代进入系统选择阶段，使绒山羊白色毛被同质化。国际上先进的动物模型BLUP选种方法应用于绒山羊育种，估计了个体的抓绒量和体重的单性状育种值，以及这两个性状的综合育种值，并提出了一套内蒙古绒山羊选择种公羊的具体方法。张文广（2004）通过开展不同家系间的联合育种对LAMS进行了初步研究，首次将LAMS选配原理应用在了内蒙古绒山羊的本品种选育中。随着数量遗传方法在内蒙古绒山羊选育中的应用渐趋深入，绒细度、产绒量、绒厚度、抓绒后体重、繁殖率等重要经济性状有了很大的提高和改善。白俊艳（2002）、梅步俊（2006）、王瑞军（2007）、王志英（2013）、李学武（2018）、吴铁成（2020）等对内蒙古绒山羊生长性状、繁殖性状和产绒性状进行遗传参数研究，结果表明，绒长、毛长等属于中等偏高遗传力，产仔数等繁殖性状为低遗传力。

一、表型参数

1. 平均数

算数平均数：

$$\bar{x} = \frac{\sum x}{n} \tag{2-1}$$

平均数是表示一组数据集中趋势的量数，它是反映数据集中趋势的一项指标。在畜牧生产中，常用算数平均数（式2-1），其公式畜群的平均生产性能代表了这个群体的生产水平。

2. 方差、标准差与变异系数

方差：

$$\sigma^2 = \frac{\sum(x - \bar{x})^2}{n - 1} \tag{2-2}$$

标准差：

$$\sigma = \pm\sqrt{\frac{\sum(x - \bar{x})^2}{n - 1}} \tag{2-3}$$

变异系数：

$$CV = \frac{\sigma}{\bar{x}} \tag{2-4}$$

方差、标准差和变异系数在统计学中代表群体的离散性，当进行两个或多个资料变异程度的比较时，如果度量单位与平均数相同，可以直接利用标准差来比较。

如果单位和（或）平均数不同时，比较其变异程度就不能采用标准差，而需采用变异系数，变异系数可以消除单位和（或）平均数不同对两个或多个资料变异程度比较的影响。

3. 相关系数和回归系数

相关系数：
$$r_{xy}=\frac{\sigma_{xy}}{\sigma_x\sigma_y} \quad (2\text{-}5)$$

回归系数：
$$b_{xy}=\frac{\sigma_{xy}}{{\sigma_y}^2} \qquad b_{yx}=\frac{\sigma_{xy}}{{\sigma_x}^2} \quad (2\text{-}6)$$

式2-5表示，任何两个变量（x，y）的相关系数，分子是两个变量的协方差，分母是两个变量标准差相乘。育种学的概念是两个性状间的相互关系，在育种应用相关系数进行选种时，不但要做相关系数的显著性检验，而且还要看相关系数数值的大小。在统计学中把相关系数分为弱相关、中等相关和强相关（图2-4），如果根据一个显著的弱相关系数对两个性状做相关选择，效果是不理想的。

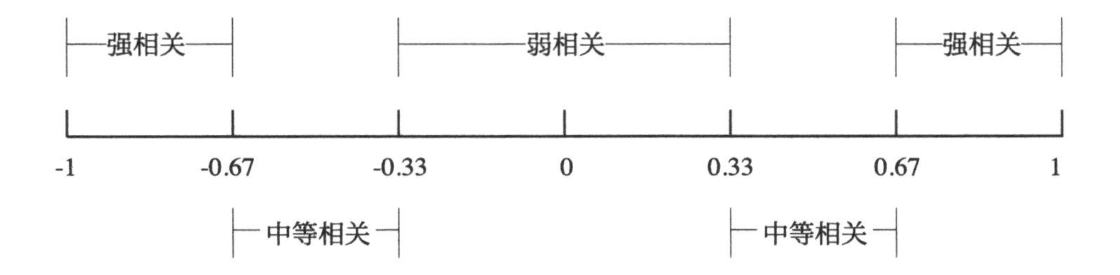

图2-4　相关系数强弱的划分

式2-6中，b_{xy}是以y为自变量的回归系数，也叫做变量x对变量y的回归；b_{yx}是以x为自变量的回归系数，也叫做变量y对变量x的回归。从回归系数的公式看，分子是两个变量的协方差，分母是自变量的方差。相关系数是平行关系，两个变量只有一个相关系数（$r_{xy}=r_{yx}$）；回归系数是因果关系，两个变量可以有两个回归系数（$b_{xy}\neq b_{yx}$）。

一个回归系数是否有育种学的意义，要看具体情况而定，如根据表型值（P）估计育种值（A）时，遗传力就是育种值对表型值的回归系数（$h^2=b_{AP}$），这时表型值是自变量，育种值是应变量，可以根据表型值来估计育种值。

二、遗传参数

1. 重复力

重复力：
$$r_e=\frac{\sigma_G^2+\sigma_{Eg}^2}{\sigma_p^2} \quad (2\text{-}7)$$

重复力是用来衡量一个数量性状在同一个体多次度量值之间的相关程度，其数量遗传学概念是表型方差（σ_p^2）、中遗传方差（σ_G^2）和一般环境方差（σ_{Eg}^2）部分。重复力可用于确定性状需要度量的次数：由于重复力就是性状同一个体多次度量值间的相关系数，依据它的大小就可以确定达到一定准确度要求所需的度量次数。

2. 遗传力

遗传力：
$$h^2=\frac{\sigma_A^2}{\sigma_P^2} \quad (2\text{-}8)$$

遗传力的数量遗传学概念是表型方差（σ_p^2）中的加性方差（σ_A^2）部分。遗传力在育种中通常有以下应用：

（1）预测选择效果

选择反应：
$$R=Sh^2 \quad (2\text{-}9)$$

式2-9中，R为选择反应，表示选择一代后的遗传进展为S选择差，即留种群体平均数与全群平均数之差，留种率越低，选择差越大；h^2为性状的遗传力。

（2）确定选择方法

遗传力高的性状个体选择有效；遗传力低的性状家系选择优于个体选择；如为中等程度的遗传力，可结合个体成绩与家系成绩进行选择，就有合并选择。一般认为$h^2<0.2$为低遗传力性状；$0.2\leqslant h^2<0.5$为中等遗传力性状；$h^2\geqslant 0.5$为高遗传力性状。

（3）估计个体的育种值

育种值：
$$\hat{A}_x=h^2(P_x-\bar{P})+\bar{P} \quad (2\text{-}10)$$

式2-10中，$\hat{A}_x$为个体的估计育种值，P_x为个体x的表型值，$\bar{P}$为群体平均值，h^2为性状的遗传力。

3. 遗传相关

遗传相关：
$$r_A=\frac{CovA_xA_y}{\sigma_{A_x}\sigma_{A_y}} \quad (2\text{-}11)$$

遗传相关，即x和y两个性状育种值之间的相关；分子$CovA_xA_y$为x和y两个性状育

种值的协方差；分母为两个性状育种值标准差的乘积。遗传相关的遗传学依据是决定两个性状的基因连锁或是某个基因的一因多效。遗传相关可以利用容易度量的性状对不易度量的性状做间接选择；利用幼畜的某些性状与成年家畜主要经济性状的遗传相关做早期选择。

4. 亲缘相关

（1）亲缘系数

亲缘系数即亲缘相关系数，是指两个个体由于共同祖先造成的血缘上的相关关系。

亲缘系数： $$R_{xy} = \sum \left(\frac{1}{2}\right)^{n_1+n_2} \tag{2-12}$$

式2-12中，R_{xy}为个体x与y的亲缘相关，n_1为个体x到共同祖先的世代数，n_2为个体y到共同祖先的世代数。

（2）近交系数

近交系数是有亲缘关系的父母产生的后代，从双亲的共同祖先中得到相同基因的概率。它的计算公式是：

近交系数： $$F_x = \left[\left(\frac{1}{2}\right)^{n_1+n_2+1}(1+F_A)\right] \tag{2-13}$$

式2-13中，F_x为个体x的近交系数，n_1为共同祖先到个体x父亲的世代数，n_2为共同祖先到个体x母亲的世代数，F_A为共同祖先A本身的近交系数。

三、最佳线性无偏预测

最佳线性无偏预测（Best Linear Unbiased Prediction，BLUP）法是基于线性混合模型对个体育种值的一种预测方法，在一个数学模型中同时包括固定效应和随机效应。BLUP最常用模型有动物模型、公畜模型、公畜—母畜模型和外祖父模型，无论是公畜模型、公畜—母畜模型还是外祖父模型都可以看作是动物模型的一种特例。在绒山羊育种中通用动物模型来估计育种值。

在混合模型中，若随机效应包含所有信息个体本身的加性遗传效应，则称这种模型为个体动物模型。

动物模型： $$y=Xb+Za+e \tag{2-14}$$

式2-14中，y为观察值向量，b为所有固定环境效应向量，X为b的关联矩阵，a为个体育种值向量，Z为a的关联矩阵，e为随机残差向量。

第五节　内蒙古绒山羊多组学遗传

生物信息从DNA、RNA、蛋白质、代谢产物的方向进行流动，形成了以上几个研究层次。以DNA、RNA、蛋白质、代谢产物为研究对象的基因组学、转录组学、蛋白质组学、代谢组学自然也是一个有机的整体，它们都是系统生物学特别是分子系统生物学研究的重要组成部分。多组学整合（Multi-Omics Integration）分析是指对来自不同组学的数据源进行归一化处理、比较分析，建立不同组间数据的关系，综合多组学数据对生物过程从基因、转录、蛋白和代谢水平进行全面的深入的阐释，从而更好地对生物系统进行全面了解（图2-5）。多层组学整合分析的常见思路为：筛选各种目标生物分子，再根据系统生物学的功能层级逻辑，分析目标分子的功能，对转录、蛋白和代谢等数据根据协同网络协同调控逻辑进行整合分析。通过数据的整合分析，相互验证补充，最终实现对生物变化大趋势与方向的综合了解，提出分子生物学变化机制模型，并筛选出重点代谢通路或者蛋白、基因、代谢产物进行后续深入实验分析与应用。畜禽生命活动包含一系列复杂的调控过程，多组学联合分析能够更加精确定位影响表型差异的关键候选基因，更加系统可靠地揭示生物机体生命活动的过程、规律和维持稳态的调控网络，破解难以解释的生物学难题。

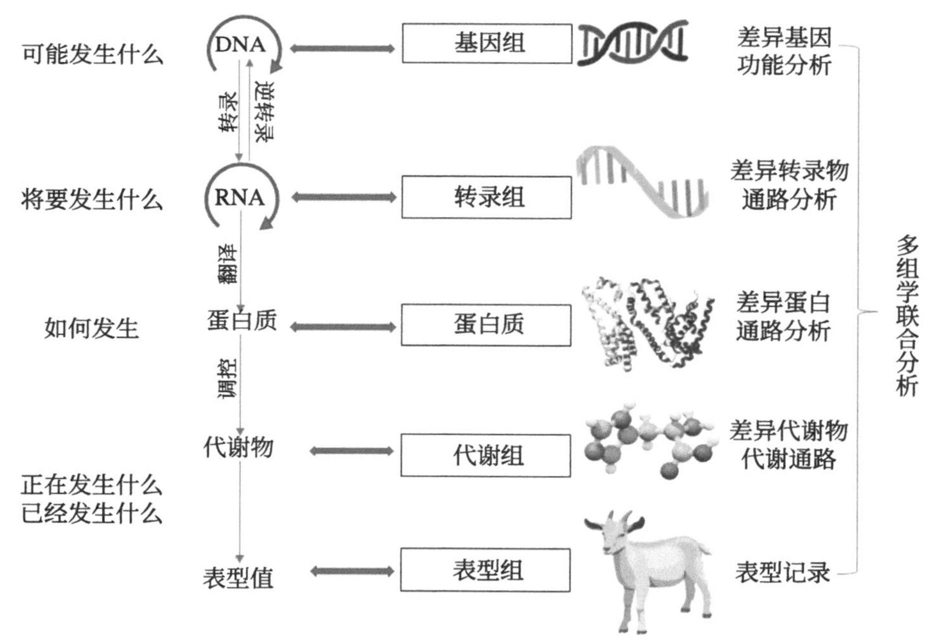

图2-5　生物信息的流向以及基因组学、转录组学、蛋白质组学、代谢组学之间的关系

一、基因组学

基因组学（Genomics）是对生物体所有基因进行集体表征、定量研究及不同基因组比较研究的一门交叉生物学学科，主要研究基因组的结构、功能、进化、定位和编辑等，以及它们对生物体的影响。全基因组测序是研究该学科的重要手段，主要集中在从头组装测序和重测序两个方面。山羊基因组是由细胞核中的核基因组和细胞质中的线粒体基因组组成。山羊核基因组有30对染色体，包括29对常染色体和1对性染色体。对云南黑山羊进行测序，从头组装了首个山羊参考基因组序列CHIR_1.0，完成基因组的结构和功能注释工作。Du等（2014）对山羊参考基因组序列CHIR_1.0进行更新，获得了CHIR_2.0。BickHart（2017）等结合二代Illumina、三代Pacbio单分子测序、光学图谱BioNano和Hi-C等技术对圣克利门蒂山羊进行从头组装，获得了高质量山羊基因组图谱ARS1，Siddiki等（2019）对孟加拉黑山羊进行测序，获得了基因组大小为3.04 Gb的孟加拉黑山羊参考基因组CVASU_BBG_1.0；2015年，Dong等（2013）对野山羊进行测序，获得野山羊参考基因组CapAeg_1.0，到目前为止，获得的从头组装的参考基因组共有4个品种的个体，其中以ARS1组装注释结果最好，不同版本参考基因组比较信息见表2-8。

表2-8 山羊不同版本的参考基因组比较

项目	CHIR_1.0	CHIR_2.0	ARS1	CVASU BBG_1.0	CapAeg_1.0
基因组大小	2.64 Gb	2.85 Gb	2.924 Gb	3.04 Gb	2.83 Gb
Contig N50	18.72 kb	29.87 kb	19.33 kb	819 kb	19.35 kb
Scaffold N50	2.2 Mb	8.92 Mb	87.28 Mb	—	2.06 kb
Gap数目	256764	68933	663	3943	279195
发布日期	2012.12.06	2015.09.16	2016.0812	2019.03.22	2015.04.21
测序品种	云南黑山羊	云南黑山羊	圣克利门蒂山羊	孟加拉黑山羊	野山羊

Li（2017）对内蒙古绒山羊和辽宁绒山羊的全基因组测序分析显示，这两个绒山羊品种的一些群体特有的分子标记在其他方面是表型相似的。在绒山羊群体中发现了135个与绒纤维性状相关的基因组区域。这些选定的基因组区域包含潜在参与羊绒纤维生产的基因，如*FGF5*、*SGK3*、*IGFBP7*、*OXTR1*和*ROCK1*。通过对8个山羊品种（安哥拉山羊、波尔山羊、贵州小山羊、内蒙古绒山羊、陕北白绒山羊、萨能山羊、太行黑山羊和西藏绒山羊）测序，发现每个品种约有1000万个单核苷酸多态

（SNP），确定了22个基因组区域，这些区域可能对山羊群体的毛色模式、体型、羊绒性状以及高原适应的表型有贡献。这些候选基因包括染色（*ASIP*、*KITLG*、*HTT*、*GNA11*和*OSTM1*）、体型（*TBX15*、*Dgcr8*、*CDC25A*和*RDH16*）、羊绒性状（*LHX2*、*FGF9*和*WNT2*）和低氧适应（*CDK2*、*SOCS2*、*NOXA1*和*ENPEP*）。Qiao等（2017）完成的基于全基因组捕获测序策略设计绒山羊66K SNP芯片发布，利用此芯片对436只内蒙古白绒山羊（二郎山型）进行了羊绒细度全基因组关联分析，筛选得到*AKT1*、*ALX4*等与细度相关的重要候选基因及MAPK&Notch、TGF&Shh等重要信号通路，为后续深入研究细度性状的遗传标记提供了理论基础。

全基因组关联分析（Genome-wide Association Study，GWAS）是对多个个体在全基因组范围的遗传变异多态性进行检测，获得基因型，进而将基因型与表型进行群体水平的统计学分析，根据统计量筛选出最有可能影响该性状的遗传变异的一种新策略。内蒙古自治区农牧业科学院畜牧研究所绒山羊课题组对257只内蒙古绒山羊（包括阿尔巴斯山羊和阿拉善山羊）进行测序，对绒细度和绒长度进行数量性状关联分析，揭示控制绒纤维的长度和细度相关基因表达的差异。曼哈顿图（图2-6）显示，13个SNPs（位于*RAMP1*，*LOC102189514* 和*TSTD2*基因）与羊绒细度显著相关（$P<1\times10^{6}$），还观察到几个边际显著峰，这一结果与纤维细度遗传控制可能受多重小效应QTLs影响的假设是一致的。显著SNP分布在10个常染色体上，从显著SNP基因的上游500 kb到下游的500 kb进行搜索，在42个基因附近发现了与毛囊形态发生显著的SNP和24个与毛囊生长发育的通路（表2-9）。由于单SNP分析只解释了一小部分性状的遗传变异，因此考虑了基于基因的关联，因为单基因内的所有SNP效应更能识别出因果变异。本研究采用cpvSNP程序包中的GLOSSI方法进行基因分析，发现262个基因与羊绒性状相关（$P<0.05$）。在毛囊形态发生过程中发现24个不同表达模式的基因，如*MRAS*、*DUSP5*、*WNT2B*等。

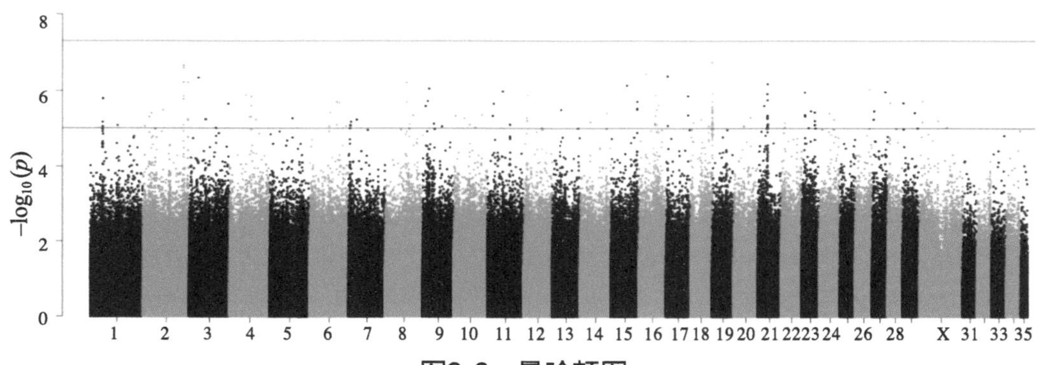

图2-6　曼哈顿图

表2-9 SNP（部分）的生物学推论分析

SNP	*P*值	ID	基因名称	信号通路	类型
NC_030817.1:16524198	7.65E-06	K04379	*FOS*	MAPK	Hair follicle
NC_030817.1:65106928	3.42E-06	K16342	*PLA2G4A*	MAPK	Hair follicle
NC_030820.1:31731099	2.04E-06	K04863	*CACNB2*	MAPK	Hair follicle
NC_030823.1:67125786	9.39E-06	K16342	*PLA2G4A*	MAPK	Hair follicle
NC_030826.1:44218594	6.37E-06	K04466 K04512	*MAP3K14* *DAAM2*	MAPK&WNT	Hair follicle
NC_030830.1:22259592	5.37E-07	K03283 K03156	*HSPA8* *TNF*	MAPK&TGF	Skin
NC_030830.1:22259592	5.37E-07	K03115	*CSNK2B*	WNT	Skin
NC_030830.1:22259592	5.37E-07	K20996	*NOTCH4*	NOTCH	Hair follicle
NC_030832.1:38858530	5.42E-06	K04392 K07209	*RAC1* *IKBKB*	MAPK&WNT	Hair follicle
NC_030832.1:41127383	3.93E-06	K04346 K05948	*GNA12* *LFNG*	MAPK &NOTCH	Hair follicle
NC_030813.1:21162115	2.01E-06	K03344	*CXXC4*	WNT	Skin
NC_030814.1:105168021	3.50E-06	K01064	*WNT9B*	WNT	Skin
NC_030814.1:105169077	8.86E-07	K01064	*WNT9B*	WNT	Skin
NC_030815.1:65073822	6.34E-06	K19626	*INVS*	WNT	Skin
NC_030815.1:65083304	4.70E-06	K19626	*INVS*	WNT	Skin
NC_030830.1:34717321	2.81E-06	K04512	*DAAM2*	WNT	Skin
NC_030830.1:39721105	9.76E-06	K04504	*PPARD*	WNT	Skin

基因组选择（Genomic Selection，GS）利用覆盖全基因组的高密度SNP标记，结合表型记录或系谱记录对个体育种值进行估计，其假定这些标记中至少有一个标记与所有控制性状的QTL处于连锁不平衡状态。基因组选择将群体分为参考群体和候选群体，参考群体用于建模，估算候选群体的育种值，参考群有表型和基因型，候选群只有基因型。王凤红（2021）基于70K SNP芯片开展了绒山羊基因组选择研究，使用GBLUP和SSGBLUP方法估计了内蒙古绒山羊绒长、绒细、产绒量、体重和毛长5

个性状的遗传力和基因组育种值，同时使用的ABLUP法获得的数据进行比较。结果表明GBLUP和SSGBLUP法估计产绒量的遗传力为0.26和0.28；体重的遗传力为0.17和0.14；绒长的遗传力为0.09；绒细的遗传力为0.30；毛长的遗传力为0.31和0.32。SSGBLUP对5个性状评估准确性在45%～82%，与ABLUP相比提高19%～25%；SSGBLUP相比于GBLUP和ABLUP有更高的预测准确性和无偏性，SSGBLUP是内蒙古绒山羊基因组选择的最佳方法；通过实施基因组选择可以使内蒙古绒山羊育种世代间隔从4.5年缩短至2年。

二、转录组学

转录组学（Transcriptomics）是从RNA水平研究基因表达情况及转录调控规律的学科，是研究细胞表型和功能的一个重要手段。与基因组不同的是，转录组包含了时间和空间的限定，同一细胞在不同的生长时期及生长环境下，其基因表达情况是不完全相同的。利用转录组测序技术对内蒙古绒山羊不同月份的皮肤进行了测序。差异基因分析结果表明，整个生长周期的基因表达的聚类分析进一步支持了羊绒3个生长周期的关键节点，毛囊发育相关基因的表达早于羊绒的生长，表明周期调节可能会改变羊绒的时间生长。通过对内蒙古绒山羊胎期（45 d、55 d、65 d、75 d、95 d、115 d和135 d）的皮肤mRNAs和miRNA数据的联合分析，筛选出与绒山羊次级毛囊发育相关的miRNA靶基因。验证了chi-miR-199a-5p和转化生长因子-β-2的功能及其相互作用关系。在胎儿45～135 d的表达中，转化生长因子-β-2和CHI-miR-199a-5p为靶关系。通过microRNA和mRNA关联分析，发现了在毛囊起始过程中起主要调控作用的microRNAs和靶基因。

内蒙古绒山羊毛与绒的生长周期具有典型的季节性生长特点对于羊绒周期性生长和调控是一个非常重要的课题，并与实际的生产密切相关。研究表明，光周期为影响羊绒生长的因素之一。采用光控增绒技术处理试验羊，再通过转录组测序平台对毛囊生长及其皮肤微环境相关mRNA及miRNA进行深度测序（图2-7），成功构建内蒙古白绒山羊皮肤组织中差异表达的miRNA和mRNA表达谱，发现14个已知miRNA（$P<0.05$）和56个mRNA（$P<0.01$）显著性差异表达，对显著差异表达的miRNA与mRNA做了关联分析获得2个差异表达miRNA与8个差异表达基因相对应（图2-8）。光控增绒实验中差异表达的 miRNA 通过调控mRNA形成复杂的调控网络，在毛囊的发生发展中发挥重要作用，为羊绒生长机制及提高产绒量提供理论依据。

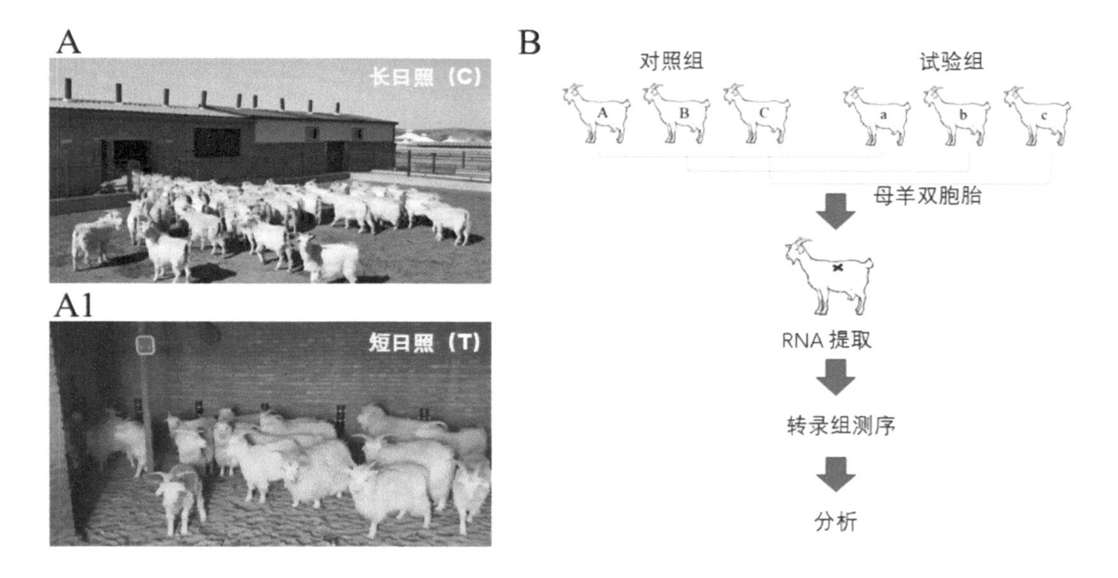

图2-7 试验流程

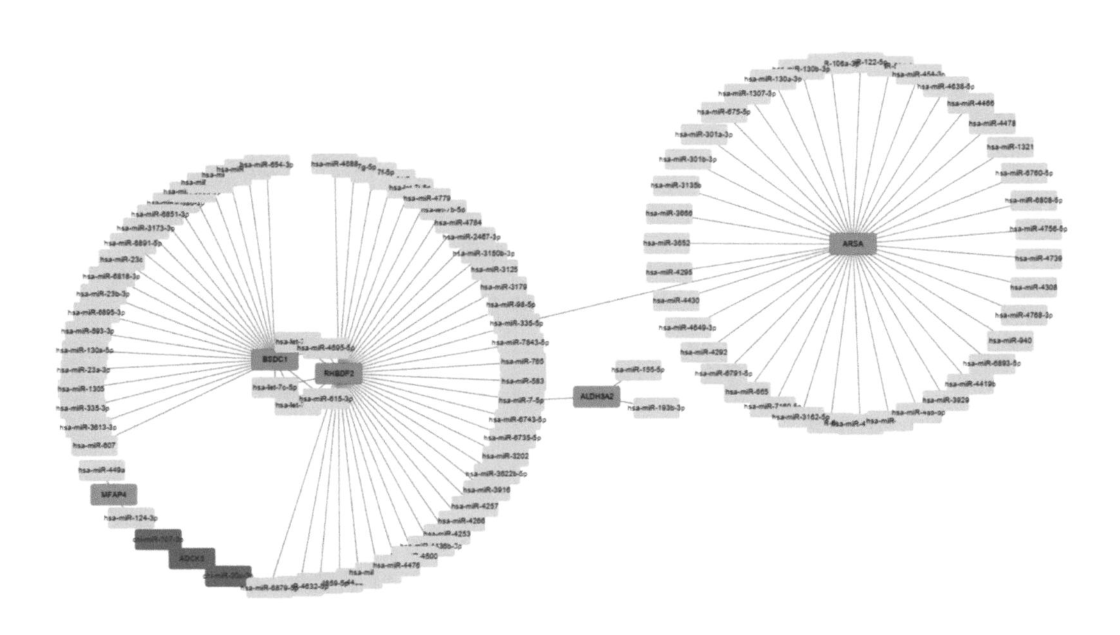

图2-8 光控增绒mRNA和miRNA调控网络

三、蛋白质组学

蛋白质组学（Proteomics），是以蛋白质组为研究对象，研究细胞、组织或生物体蛋白质组成及其变化规律的科学。蛋白质组学本质上指的是在大规模水平上研究蛋白质的特征，包括蛋白质的表达水平，翻译后的修饰，蛋白与蛋白相互作用等，由此获得蛋白质水平上的关于疾病发生，细胞代谢等过程的整体而全面的认识。徐冰冰（2021）对内蒙古绒山羊种公羊精浆进行TMT标记定量蛋白质组学分析，从蛋白水平检测到差异表达蛋白中UQCRC1、DNAH1、APOA1、ADAM32、HTT、CADM1、STIP1是内蒙古绒山羊精液抗冻性的潜在生物标记。以内蒙古绒山羊的皮肤作为研究对象，选取毛囊处于休止期与生长期的皮肤进行蛋白质组学试验，鉴定出内蒙古绒山羊生长期的皮肤蛋白2199个，对生长期特异蛋白和差异蛋白的PPIs进行预测发现TOP2B、RPS27A和ALB为3个关键蛋白。其中ALB不仅与VIM等结构蛋白相互作用，还与CTNNB1具有相互作用的现象，跨膜预测结果显示ALB可能存在跨膜的现象。基于SWATH（非标记定量）方法筛选出内蒙古绒山羊不同部位骨骼肌差异蛋白166个，其中臂三头肌、股二头肌、肋间肌、背最长肌和臀肌中差异蛋白分别为16个、31个、9个、39个和31个。筛选出与肌纤维结构和功能等相关的差异蛋白15个，肌纤维结构蛋白4个，分别为MYL3、MYL1、MYL6B、MYH4。

四、代谢组学

代谢组学（Metabolomics）是对某一生物或细胞在一特定生理时期内所有低分子量代谢产物同时进行定性和定量分析的一门新学科。代谢物反映了细胞所处的环境，这又与细胞的营养状态，药物和环境污染物的作用，以及其他外界因素的影响密切相关。因此有人认为，“基因组学和蛋白质组学告诉你什么可能会发生，而代谢组学则告诉你什么确实发生了”。

五、微生物组学

微生物组学（Microbiomics）是指研究动植物体上共生或病理的微生物生态群体。微生物组包括细菌、古菌、原生动物、真菌和病毒。研究表明其在宿主的免疫、代谢和激素等方面非常重要。日粮中添加不同剂量半胱胺对内蒙古白绒山羊（阿拉善型）瘤胃细菌（16S）和真菌（ITS）的影响，见图2-9。

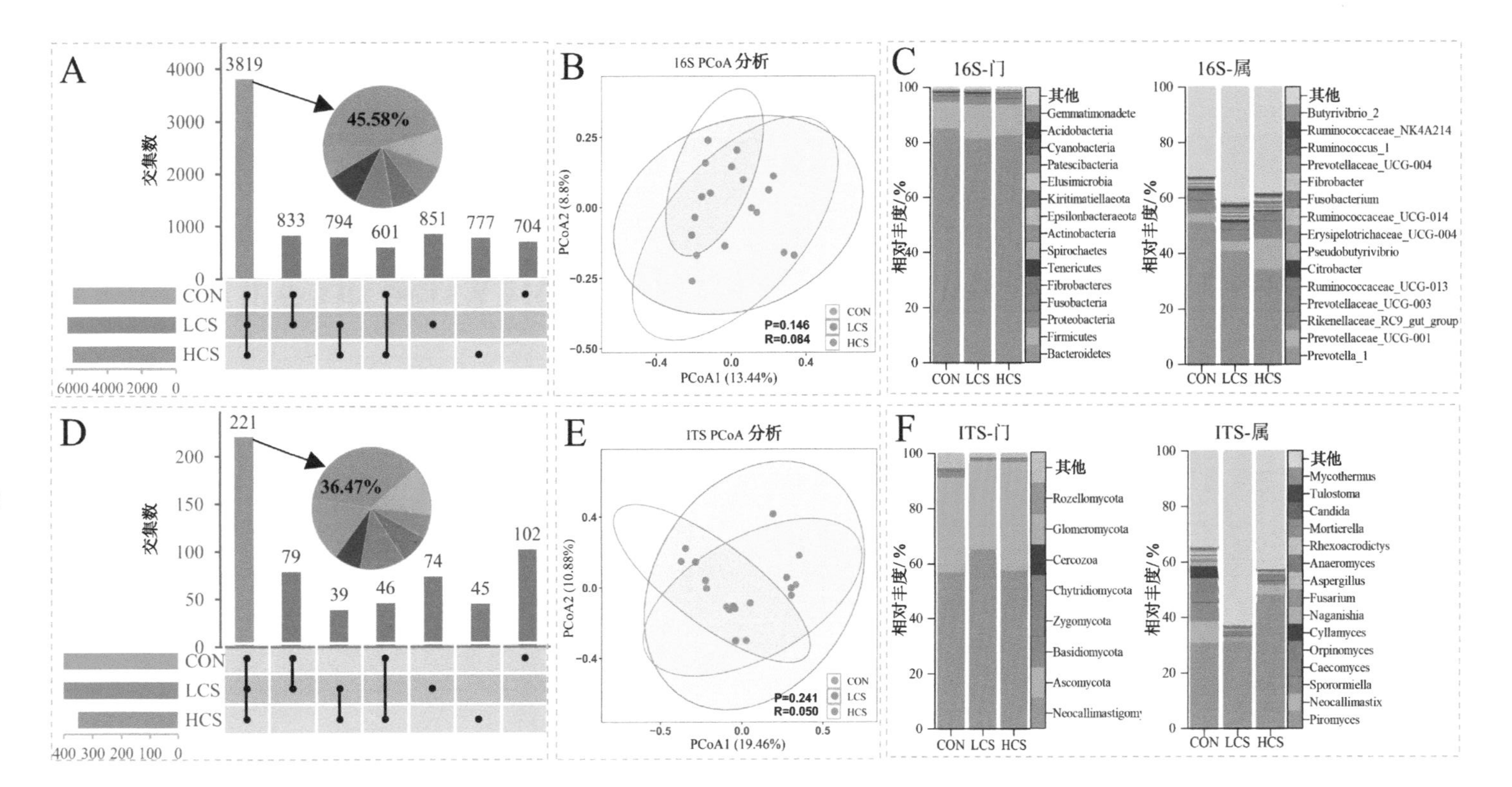

图2-9 个体瘤胃微生物群落组成的变异性

注：（A）细菌和（D）真菌OTUs直方图显示；（B）细菌和（E）真菌群落的PCoA；门和属水平上（C）细菌和（F）真菌群落的相对丰度。CON，对照组，基础饮食；LCS，基础饮食加60 mg/(kg·d)；HCS，高CS，基础饮食加120 mg/(kg·d)包被半胱胺盐酸盐。

六、表型组学

表型组学（Phenomics）是一门在基因组水平上系统研究某一生物或细胞在各种不同环境条件下所有表型的学科。表型组，是指生物体从微观（即分子）组成到宏观、从胚胎发育到衰老死亡全过程中所有表型的集合。基因（内因）与环境（外因）共同决定了表型。表型组学是继基因组之后生命科学的又一个战略制高点和原始创新源。

第三章　绒山羊产绒性能和皮肤毛囊生长发育规律

绒山羊被毛主要是由髓质发达的粗毛和无髓的绒纤维组成的异质毛被。异质毛被中绒细度一般在18 μm以下，是高档的纺织原料；粗毛的平均直径在40～80 μm，经济价值不高。山羊绒的化学组成基本上与粗毛、马海毛和绵羊毛也相似，都是由角蛋白和角蛋白关联蛋白组成。粗毛与绒来源于不同毛类型毛囊，粗毛由初级毛囊形成，绒毛由次级毛囊形成。山羊绒生长有明显的季节性，当日照由长变短皮肤次级毛囊开始生长山羊绒，随着日照缩短，山羊绒生长加快；冬至以后，当日照由短变长，山羊绒生长变慢，并逐渐停止。

第一节　山羊绒生长与调控

一、山羊绒纤维结构与组成

山羊绒纤维即绒山羊次级毛囊的毛干，是由很薄的鳞片状角质层（Cuticle）和发达的皮质层（Cortex）构成，无髓质层（Medulla），在扫描电镜下观察羊绒表面显示鳞片薄且翘角较小，主要是环形结构，下个鳞片的上端紧套在上一个鳞片的下端，鳞片可见高度长和密度小，紧贴皮质层（图3-1）。角质层由含硫量非常高的蛋白质构成，约40 nm，角质层与绒毛纤维的耐磨性、抗酸、抗蛋白水解酶以及纺织性能等有密切关系。皮质层是由皮质细胞胶合构成，是山羊绒纤维的主体，也是决定纤维物理、机械和化学性能的基本物质。

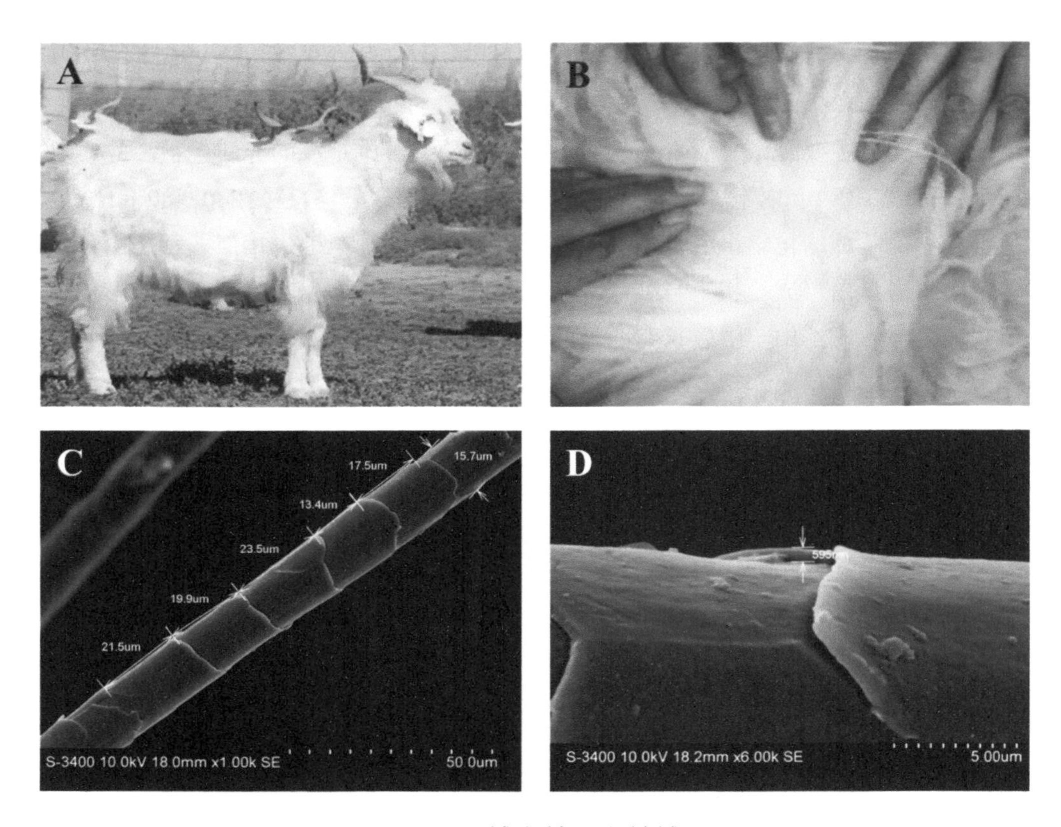

图3-1　绒山羊及山羊绒

注：A：绒山羊；B：绒山羊绒毛；C、D：山羊绒的电镜图。

绒毛纤维是天然蛋白质，主要由3种不同的角蛋白组成，低硫蛋白、高硫蛋白和高甘氨酸—酪氨酸蛋白，它们通过半胱氨酸间的二硫键将角蛋白头尾相接形成微丝束。动物毛发是由毛母质的上部细胞不断增殖向上生长形成的，当它们离开生发区域时，毛母质、表皮层和皮质层的角蛋白家族基因被激活。绒毛纤维不同细胞类型的组成，如图3-2所示。皮质层的巨原纤维由角蛋白中间丝（Keratin-Intermediate Filament，KRT-I）和角蛋白关联蛋白（Keratin-Associated Proteins，KAP）组装构成，KAP形成丝状基质，通过形成二硫键与KRT-I交联。角蛋白是组成绒毛纤维的骨架，其组成与绒毛纤维的品质有密切的关系，不同品种、不同细度绒毛纤维，其角蛋白的组成和含量也有差异。因此，角蛋白和KAP被认为在形成绒毛纤维的生理特性方面具有重要作用。山羊绒中角蛋白含量为90%～98%，其他为脂肪、多糖、

矿物质和核酸残余物，其中内蒙古白绒山羊的山羊绒角蛋白占比为94.52%。角蛋白可水解为各种氨基酸，内蒙古白绒山羊的山羊绒水解后的氨基酸组成为谷氨酸（12.03%）、胱氨酸（11.05%）、精氨酸（8.31%）、丝氨酸（8.01%）、脯氨酸（7.02%）、亮氨酸（6.87%）、天冬氨酸（6.40%）、酪氨酸（5.49%）、苏氨酸（5.30%）、缬氨酸（4.91%）、甘氨酸（4.64%）、苯丙氨酸（3.71%）、异亮氨酸（3.67%）、丙氨酸（3.34%）、赖氨酸（2.80%）、组氨酸（0.97%）、蛋氨酸（0.60%）。山羊绒的二硫键是绒毛理化性能的物质基础，因此含硫氨基酸对山羊绒的直径、强度、伸长率等纺织性能有着直接的影响，对山羊绒角蛋白分子的化学稳定性和网状结构起着重要作用。

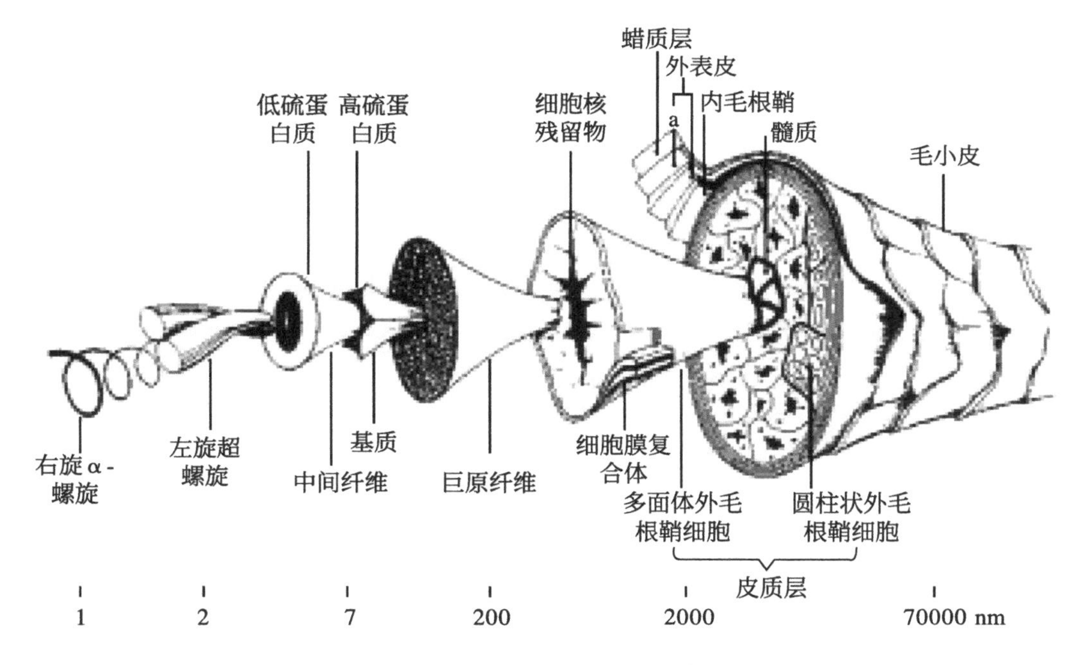

图3-2 绒毛纤维组织结构

（资料来源：Marshall et al., 1991）

二、影响绒山羊产绒性能的因素

山羊绒由绒山羊次级毛囊产生，次级毛囊的发育和生长受一系列诱导因子和信号控制，是一个复杂的生理过程，受遗传、生理状态、环境、营养等因素的调控。遗传是绒山羊毛被生长调控的最主要的因素，内分泌系统在其中起重要作用，环境、营养等因素都要通过改变机体生理状况而影响山羊绒的生长，即依赖于有关诱导因子和信号的调控以及基因的表达。

1. 遗传

家畜品种是指具有共同来源，个体间生产性能及形态特征相似，并能将其主要特性特征稳定地遗传下去的一定数量的物种。绒山羊品种是影响山羊绒生长的重要遗传因素，不同绒山羊品种其次级毛囊密度、毛囊活性、S / P值以及生长期持续时间均不同，它们都影响绒山羊的产绒性能。李长青等（2005）对内蒙古白绒山羊和辽宁绒山羊的皮肤毛囊生长进行对比研究，发现辽宁绒山羊次级毛囊进入兴盛期的时间较早、生长期持续时间较长、次级毛囊密度、S / P值等性状辽宁绒山羊都大于内蒙古白绒山羊。辽宁绒山羊的山羊绒长度和个体产绒量比内蒙古白绒山羊高，但是山羊绒直径比内蒙古白绒山羊粗，山羊绒直径是决定山羊绒纺织价值的决定因素，山羊绒直径越小，价值越高。河西绒山羊产于河西走廊西北部绒纤维平均直径为16.15 μm，成年公羊产绒量460.60 g，成年母羊产绒量355.40 g，平均绒长在5 ~ 6 cm。陕北白绒山羊主要分布在陕西榆林、延安等地，成年公羊羊绒平均细度为16.88 μm，成年母羊绒细度平均为15.79 μm。张崇妍等（2022）比较了阿拉善型和阿尔巴斯型绒山羊绒毛品质的差异，结果表明：阿拉善型和阿尔巴斯型绒毛纤维直径分别为14.70 μm和16.16 μm，绒纤维长度分别为6.67 cm和6.36 cm，绒纤维强度为10.82 cN / dtex和2.97 cN / dtex。因此，不同绒山羊品种的产绒性状差异较大，这主要是品种本身的遗传基础和所处环境共同决定的。

2. 内分泌

动物绒毛的生长是皮肤毛囊球部毛母质细胞不断分裂、增殖、迁移的复杂而活跃的过程，内分泌在调控对毛囊发育和绒毛的生长起到非常重要的作用。研究表明生长激素（Growth Hormone，GH）、胰岛素样生长因子-1（Insulin-like Growth Factor 1，IGF-1）、褪黑激素（Melatonin，MET）、催乳素（Prolactin，PRL）等激素对毛囊生长存在直接或间接的影响，造成绒山羊产绒量及绒毛品质的差异。GH和IGF-1能促进毛母质细胞分裂增殖和代谢。谷振慧等（2016）对辽宁绒山羊和承德黑山羊毛囊不同时期的GH浓度进行测定，发现承德黑山羊在两个时期间差异极显著，而辽宁绒山羊不显著，说明GH的分泌水平与品种、毛囊生长期有关。魏云霞等（2012）发现河西绒山羊血清GH浓度呈现明显的季节性变化规律，GH浓度对绒毛生长可能有促进作用。Teh（1991）研究表明，光周期是影响山羊绒生长的主要因素，

光周期信号通过视神经，使松果体分泌MTN发生变化，从而影响山羊绒的生长。大量研究表明，通过光控（短光照）和外源MTN均能够促进绒山羊绒毛生长、提高绒毛产量，它还能调控绒山羊毛囊生长发育相关基因表达。杨敏（2017）通过光控内蒙古绒山羊发现，MTN水平的维持对绒毛的提前启动可能具有促进作用。MTN还可以通过增强绒山羊机体抗氧化能力和抑制皮肤毛囊细胞凋亡，促进绒山羊羔羊次级毛囊发育，从而提高山羊绒品质和产量。另外，Santiago-Moreno（2004）研究表明外源MNT能促进毛发生长可能是由于其抑制了PRL的浓度。徐文军等（2008）检测了河西绒山羊血液PRL不同月份的浓度，发现呈现季节性周期变化，PRL浓度达到最高时次级毛囊进入兴盛期，PRL浓度与山羊绒的生长速度呈现负相关。杨敏等（2017）通过对光控绒山羊发现，PRL含量随次级毛囊的生长呈现出显著的周期变化，低浓度的PRL水平可能有助于毛囊活性的维持，使其未提前进入休止期，说明PRL与次级毛囊的生长发育有很大关系。在绒山羊毛囊体外培养基中加入低浓度（10 ng / mL）的PRL可以促进毛囊生长，而加入高浓度（100 ng / mL）的PRL抑制了毛囊生长。因此，PRL具有直接影响毛囊活动的作用。

3. 生理状态

绒山羊绒品质的优劣及产绒量的高低与绒山羊年龄和性别有直接关系，吴铁成等（2020）通过对2014—2018年内蒙古白绒山羊（阿拉善型）产绒性能进行统计发现：绒山羊公母羊1岁绒细度、绒厚度和产绒量均显著小于其他年龄段，不同年龄段公羊的绒厚度和产绒量均比母羊高（图3-3）。随着绒山羊年龄的增长，对饲料的消化吸收能力逐步提高，其毛囊自身的发育机能也逐步健全，山羊绒逐渐变粗变长，绒山羊的产绒量也逐渐提高。但这些指标并不随年龄的增大而无限上升，而是有一个峰值，且达到最高峰的时间不同。这是因为年龄继续增大，绒山羊的消化代谢等生理机能和长绒酶系统的活力逐渐减弱，羊绒又由粗变细，长度不再增加，产绒量下降。母羊的绒厚度和产绒量较公羊低，这主要与母羊的生理状态有一定的关系，母羊在妊娠和哺乳期需要更多的营养物质用于胎儿生长和羔羊的哺乳，能够用于羊绒生长的营养相对缩减而导致绒产量低。

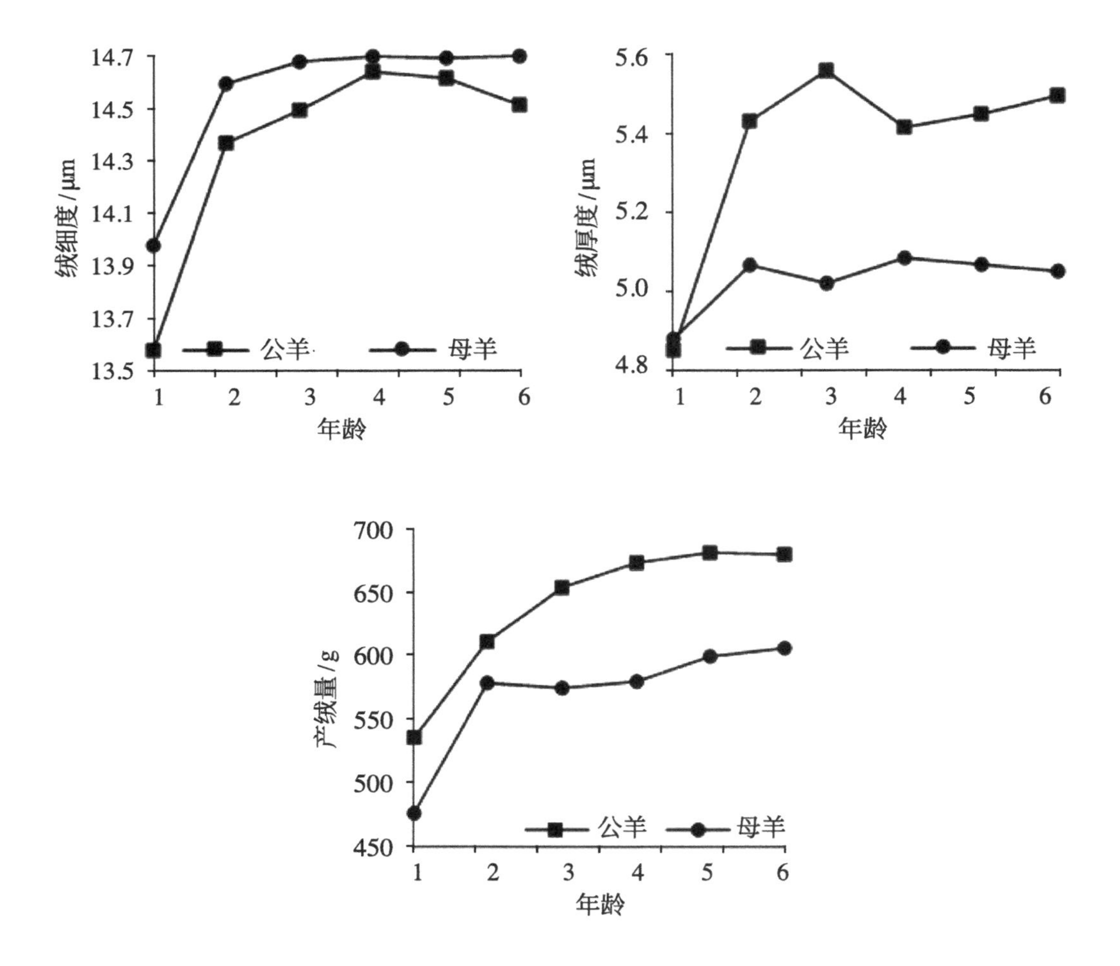

图3-3　绒山羊不同年龄产绒性能比较

4. 营养

山羊绒是由绒山羊皮肤次级毛囊生成的一种无髓质毛，其毛囊和山羊绒的生长与营养水平有着直接的关系。绒山羊绒生长旺盛期维持代谢能需要量为426.55 kJ/kg$^{0.75}$，绒毛生长缓慢期维持代谢能需要量为387.54 kJ/kg$^{0.75}$，绒山羊能量以略高于维持水平即可满足绒山羊需要（贾志海，2009）。羊绒中含量比较多的蛋白是角蛋白，其纤维的90%由KAP和KRT-I构成，KAP包括高硫角蛋白关联蛋白和超高硫角蛋白关联蛋白。角蛋白类或含量的多少最有可能影响绒毛的质量和数量，其组成与羊绒纤维的品质有密切关系。因此日粮营养水平特别是日粮蛋白质水平对绒山羊促绒毛生长的

作用受到人们的关注。增加日粮蛋白质以及含硫氨基酸的采食量和吸收量，可提高绵羊和安哥拉山羊毛纤维生长。孙海洲等（1998）在对内蒙古阿尔巴斯白绒山羊研究中，设计了4种能量和蛋白质不同的日粮组合，结果表明高蛋白质和高能量可显著提高绒山羊的产绒量、绒毛比和绒长，其中日粮中蛋白质水平较能量水平起主要作用。与氮相比，有关山羊硫营养的研究较少，由于硫在动物体内不能贮存，故动物日粮中应该含有相对稳定的硫源供应。在反刍动物日粮中添加硫可提高日粮粗纤维消化和氮的利用，王娜等（1999）综合评定了内蒙古白绒山羊日粮适宜氮硫比，研究发现在山羊绒生长旺盛期，日粮的适宜硫水平为0.225%，氮硫比为7.11：1，在生长缓慢期，其适宜硫水平为0.213%，氮硫比为7.80：1，彭玉麟（2001）得出了类似结论。山羊绒主要由角质蛋白构成，角质蛋白中富含胱氨酸和半胱氨酸，绒毛纤维生长需要大量的半胱氨酸。董晓玲等（2006）采用十二指肠氨基酸灌注法，确定内蒙古白绒山羊的限氨基酸种类及其限制程度的次序为半胱氨酸 > 丝氨酸 > 精氨酸 > 蛋氨酸 > 组氨酸。羊绒含硫量占羊体内硫总量的40%，羊绒纤维的主要成分是角蛋白，角蛋白中含硫量较高，大部分硫以胱氨酸、半胱氨酸和蛋氨酸形式存在。硫对羊绒产量和羊绒的弹性、强度等纺织性能具有重要影响，山羊绒纤维越细，含硫量越高。如果绒山羊缺硫表现为绒毛生长缓慢、绒毛品质下降、食欲减退，严重者甚至造成死亡。含硫氨酸是毛用羊的第一限制性氨基酸。

第二节　毛囊周期形态及周期性变化规律

一、毛囊的基本结构

毛囊的衍生物即为绒毛，对动物而言是具有控制体温、提供物理保护、传递感官和触觉输入以及为社交互动提供装饰等重要作用，对人类而言绒毛可作为纺织原料。绒山羊的绒和毛来源于不同类型毛囊，绒来源于次级毛囊（Secondary Hair Follicle），毛来源于初级毛囊（Primary Hair Follicle），属于异质毛被，次级毛囊与初级毛囊在结构上有明显的差别（表3-1，图3-4）。次级毛囊和初级毛囊在绒山羊皮肤组织中规律地排列成毛囊群，陕北白绒山羊和内蒙古白绒山羊毛囊群结构都是以三元型为主，其次是二元型和四元型。毛囊群中次级毛囊和初级毛囊数目比值即S：P（Secondary Hair Follicle/ Primary Hair Follicle，S：P）值，S：P值增高能够提高产绒量，不同品种绒山羊毛囊群内的S：P值差异较大，因此，S：P值是一个提高绒山羊产绒量的重要指标。

表3-1　次级毛囊和初级毛囊结构差异

项目	次级毛囊	初级毛囊
形状	短而细	长而粗
毛球	毛球小	圆润粗大
毛干	无髓质	含有髓质
附属器官	仅有不发达的皮脂腺	汗腺、皮脂腺、竖毛肌等

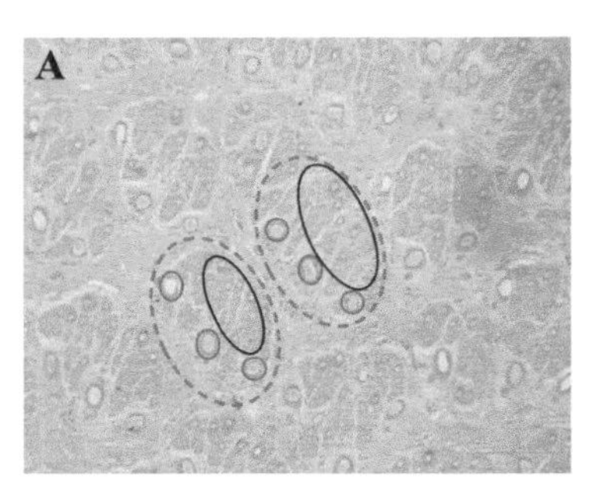

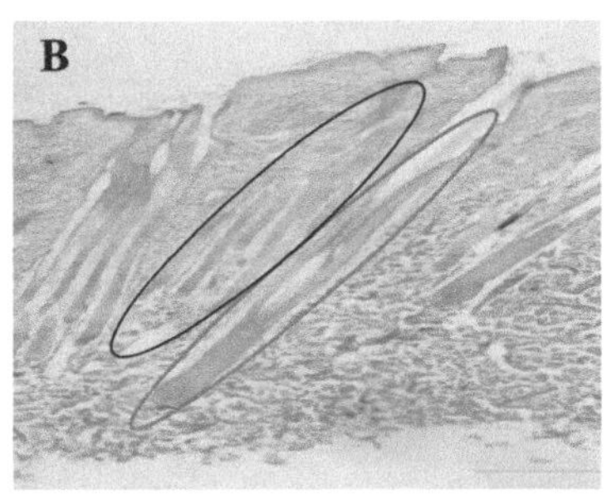

图3-4　毛囊的组织切片

注：A：绒山羊皮肤组织横切图；B:绒山羊皮肤组织纵切图（红色虚线圈表示毛囊簇，红色圈表示初级毛囊，黑色圈表示次级毛囊）。

绒山羊的初级毛囊与次级毛囊均由毛干（Hair Shaft）、毛根（Hair Root）、毛球（Hair Bulb）及附属器官等部分构成。毛干是绒毛露出皮肤表面的部分，毛根是绒毛长在皮肤里的部分，毛球是绒毛的最下端。毛干由外根鞘（Outer Root Sheath）、伴随层（Companion Layer）、内根鞘（Inner Root Sheath）、角质层（Cuticle）、皮质层和髓质层组成，其中内根鞘由亨利层（Henle Layer）、赫胥黎层（Huxlay Layer）和内根鞘角质层（IRS-Cutide）构成。毛球由毛乳头（Dermal Papilla）和毛母质（Hair Matrix）构成，毛乳头向毛干提供养分，毛母质位于毛乳头外层，毛母质细胞可不断分裂和增殖。以上毛囊各组成部分（图3-5）之间密切联系，控制着绒毛的生长。

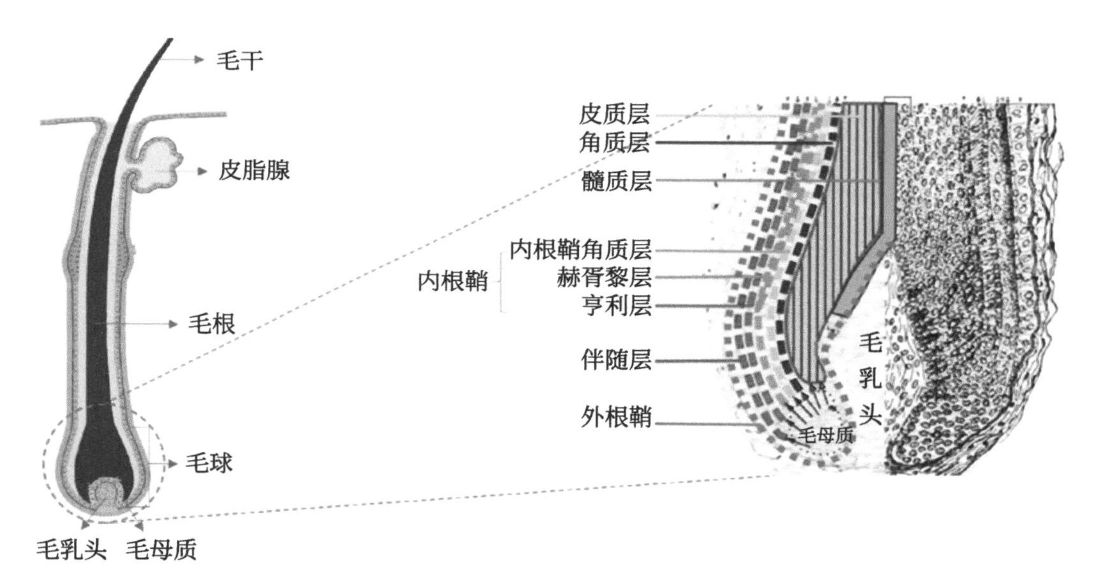

图3-5 毛囊的结构

（资料来源：Langbein，2006）

二、绒山羊皮肤毛囊发育及周期性生长规律

毛囊被认为是由神经外胚层和中胚层相互作用形成的微型器官。毛囊形态的发生始于胚胎早期阶段，它的正常发育和有规律的周期涉及Wnt、Hedgehog、Notch和骨形态发生蛋白（Bone Morphogenetic Protein，BMP）信号通路之间的强烈相互作用。毛囊形态发生的阶段大致分为：诱导阶段（Induction）、器官发生阶段（Organogenesis）和细胞分化阶段（Cytodifferentiation）（图3-6）。在诱导阶段，

Wnt介导的信号转导首先出现在间充质细胞，引导上皮细胞增厚形成基板；在器官发生阶段，通过信号传导，上皮细胞增殖并引导真皮细胞增殖形成真皮凝集物；在细胞分化阶段，真皮凝集物被毛囊上皮细胞包裹，从而形成毛乳头。因此，毛囊形态发生是神经外胚层细胞与中胚层细胞相互作用的结果。毛囊形态的发生在胚胎发育早期就开始了，内蒙古阿尔巴斯绒山羊在胎龄55～65 d时毛囊开始发生形成毛芽，到胎龄135 d时大多数初级毛囊和一部分次级毛囊发育基本成熟。

诱导		器官生成		细胞分化
阶段0	阶段1（基板）	阶段2（萌芽）	阶段3-5（钉）	阶段6-8（毛钉）

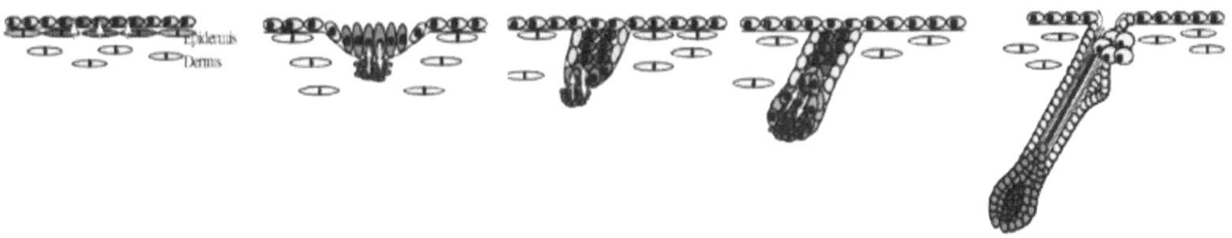

图3-6　毛囊发育阶段

资料来源：Schneider，2009。

皮肤毛囊发育成熟后就会进行周期性生长，周期性生长主要表现在毛囊下端（隆突部以下部分）的形态变化，信号调节及新毛干形成和老毛脱落。因此，依据这些变化毛囊周期可以划分，可为生长期（Anagen）、退行期（Catagen）和休止期（Telogen），然后重新进入生长期，这三个阶段是动态转变过程（图3-7），它们之间的转换机制，尤其是生长期的启动和退行期的抑制是毛囊研究领域中的热点问题。哺乳动物毛囊生长周期分为：随机周期、波形周期和季节性周期，绒山羊次级毛囊受光照影响呈季节性周期变化。绒山羊毛囊在一个周期内依次进入生长期、退行期和休止期，各时期毛囊具有不同的形态特征（表3-2）。与胚胎期毛囊的诱导类似，毛囊每一个新周期的开始和随后的向下生长、增殖、分化都需要许多生长因子及其受体的参与。

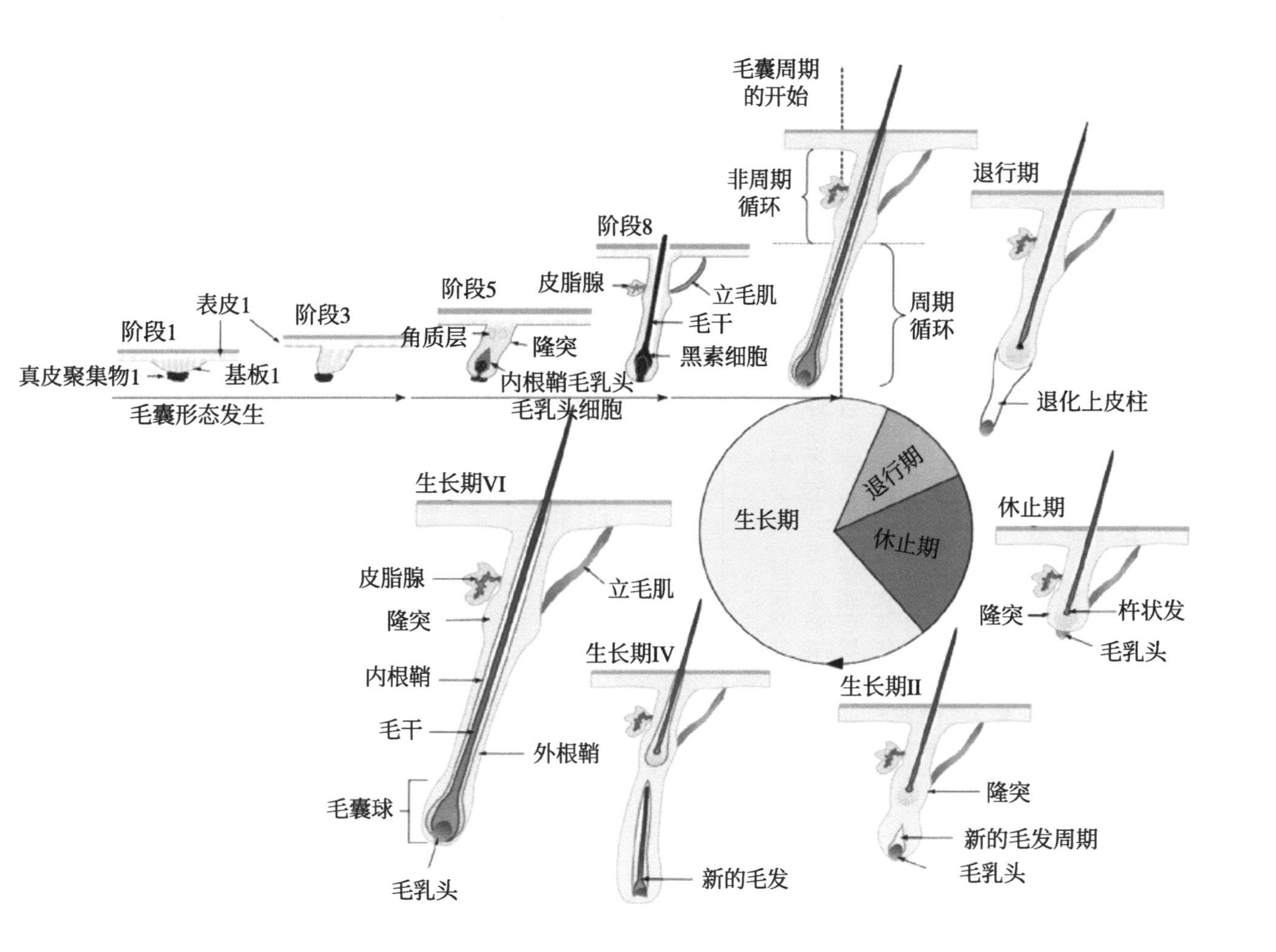

图3-7　毛囊周期示意

（资料来源：Schneider，2009）

表3-2　绒山羊初级毛囊与次级毛囊一年中形态变化特征

周期	月份	绒山羊初级毛囊与次级毛囊形态特征
退行期	1月	毛囊毛球底部扁平，毛乳头细胞核增大，并有部分细胞死亡，毛球萎缩，毛球与毛干的接合部开始变细，内根鞘向上移动；初级毛囊的细胞核增大并开始死亡，部分细胞向外扩散，成刷状，红色内根鞘变浅，部分已破碎，毛囊外表皮变薄；次级毛囊细胞也大量死亡开始向内收缩
休止期	2—3月	大部分毛球浓缩为一点或消失，毛根部上升，毛囊变短，毛球变窄，毛囊底部细胞死亡无核，中部细胞扁平，上部细胞呈柱状，红色内根鞘逐渐变短，所以我们所测毛球宽实为毛根宽。初级毛囊外表皮只有1～2层细胞，基本无红色内根鞘，大部分次级毛囊已成为黑色细胞团
生长期	4月	表皮生发层开始，柱状细胞开始聚集增厚并向下延伸，细胞浓密且底部膨大
	5月	已有初级毛囊形成毛乳头
	6月	看到初级毛囊的细胞向一端聚集，次级毛囊黑色细胞团减少，细胞向外扩散成刷状
	7月	在大的初级毛囊旁出现一小毛囊，有的两次级毛囊紧挨在一起
	8—10月	成熟毛囊增多，毛球宽达到最大，毛乳头细胞致密，毛球底部由尖状变为圆形，毛囊外表皮细胞呈扁平状，可看到毛干出现，红色内根鞘增多，向下延伸的细胞团减少。旧毛囊消失，新毛囊细胞呈柱状，外表皮厚，毛囊数量达最多
生长期向退行期过渡	11—12月	毛球细胞核增大，细胞开始死亡，毛乳头萎缩，毛球底部变平，内根鞘变短，初次级毛囊细胞开始老化死亡，外表皮变薄向内萎缩

资料来源：吴江鸿，2011。

李长青等（2005）对内蒙古白绒山羊和辽宁绒山羊毛囊周期性研究表明：次级毛囊生长周期为一年，8—9月进入兴盛期，12月进入退行期，翌年2—3月为休止期，山羊绒停止生长并逐渐发生脱落，不同品种进入兴盛期和持续的时间不同，次级毛囊各性状（毛囊深、密度、S∶P值、毛球宽和生长期）辽宁绒山羊都大于内蒙古白绒山羊。在休止期到生长期，毛乳头附近的细胞开始增殖，形成毛球；在生长

期，毛乳头分泌多种信号分子及生长因子，调控毛基质分裂并分化形成毛干和内根鞘；在生长期到退行期，毛基质增殖减少；在退行期，毛乳头逐渐靠近上皮细胞，毛基质和内根鞘发生凋亡形成杵状毛；在退行期到休止期，毛乳头接近毛囊干细胞，毛囊中各细胞停止凋亡；在休止期，部分杵状毛脱落，细胞处于静止状态。在毛囊的发育和周期性中，Wnt、BMP、Shh、Notch等信号通路起着举足轻重的作用，Wnt通路参与毛囊诱导，BMP通路参与干细胞激活。Shh通路参与毛囊形态发生和分化，Notch通路参与毛囊的成熟，各信号通路间相互协调配合来影响毛囊生长。同时信号通路的激活时间、强弱及持续时间的精确调控对于毛囊形态发生和周期的维持也至关重要。

三、参与毛囊调控的信号通路

毛囊历经生长期、退行期、休止期周期变化。出生后毛发生长依赖毛囊上皮细胞增殖和分化的调控，参与毛囊生长发育的信号通路有WNT/β-catenin信号通路、TGF-β信号通路、Shh传导通路、NF-kB、NOTCH传导通路、外胚叶发育不全蛋白基因（*Ectodysplasin-A*, *EDA*）与其受体（EDAR）的相互作用，各信号通路存在复杂的交互影响。

1. WNT/β-catenin 信号通路

WNT（Wingless-Related）蛋白是一种胞间分泌型糖蛋白，通过自分泌或者旁分泌方式起作用。WNT信号通路是毛囊发育和再生的重要调控途径之一。CTNNB1（β-catenin）是多功能蛋白质，是毛囊发育中不可缺少的调控因子，参与基因的表达并介导细胞间的黏附能力，促进毛囊由休止期转换为生长期，从而启动毛发周期活动。当Wnt配体与其受体卷曲蛋白和辅助受体LRP5/6结合时，去除血浆中的β-catenin泛素降解，使β-catenin转位至细胞核，并与LEF/TCF结合，从而激活靶基因的表达。研究表明，敲除β-catenin或者该基因突变时，小鼠毛囊发育受阻，毛囊就无法进入生长期；该基因过表达可促进新毛囊的发育，引起异位毛发的形成。黑色素细胞干细胞（Melanocyte Stem Cells，McSCs）是皮肤和毛囊中定期更新的黑色素细胞（Melanocytes）的起源，Wnt3a通过激活WNT/β-catenin信号通路促进McSCs细胞增殖分化，从而诱导毛囊再生；另外Wnt信号配体*Wnt10b*也诱导毛囊再生和McSC的激活。*Wnt7a*、*Wnt7b*均可诱导毛囊再生利用LED灯照射人类外根鞘细胞（human Outer Root Sheath Cells，hORSCs）后发现，LED灯照射可促进hORSCs的增殖，并诱导*Wnt5a*、*Axin2*和*Lef1* mRNA的表达和β-catenin蛋白在hORSCs中的表达。结果表明，LED光照射诱导hORSC增殖和迁移并抑制体外细胞凋亡，LED对hORSCs的促生长作用与Wnt5/β-catenin和ERK信号通路的直接刺激有关。在成年小鼠皮肤中，激活WNT/β-catenin信号通路可促进毛囊干细胞和滤泡间上皮角质化细胞的增殖，并使皮脂腺（Sebaceous Glands，SGs）细胞沿毛囊周围分化。表皮细胞增殖过程中，雄激素受体（Androgen Receptor，AR）的激活降低了β-catenin转录活性，阻断了β-catenin诱导的毛囊生长发育，并且阻止β-catenin介导的SG细胞转化成毛囊。

2. TGF-β 信号通路

转化生长因子β（Transforming Growth Factor-β，TGFβ）也参与毛囊细胞生长和分化，其家族成员有*TGFβ 1*，*TGFβ 2*，*TGFβ 3*和*TGFβ 4*。这些成员与各自的膜受体结合，使通路限制性SMADs磷酸化，并形成杂聚体转位至细胞核，调节相关基因的转录而产生生物学功能。研究发现，*TGFβ 1*刺激小鼠毛囊提前进入退行期，敲除*TGFβ 1*基因使毛囊退行期延长。在体外，*C57BL/6*转基因小鼠毛囊细胞中添加 *IGF-I* 可增加毛囊数量并延长生长期进入休止期阶段，同时下调*TGFβ 1*的表达。*BMP-7*是*TGF-β*超家族的成员，具有抑制*TGF-β 1*介导的细胞纤维化作用。研究表明，*TGF-β 1*表达的真皮乳头细胞中成纤维细胞含量显著增加，*BMP-7*和*TGF-β 1*同时处理时成纤维细胞含量明显减少，表明*BMP-7*抑制了*TGF-β 1*诱导的成纤维细胞的增殖分化。*TGF-β 2*的表达抑制毛囊干细胞中的*BMP*信号，敲除*TGF-β 2*信号使毛囊干细胞激活延迟。免疫组化分析发现，毛囊从休止期转换为生长期过程中检测到*TGF-β 2*蛋白，说明*TGF-β 2*促进毛囊从休止期进入生长期。在毛囊生长期*TGF-β 3*基因毛基质皮质层前提中表达，敲除*TGF-β 2*使毛囊形态发生推迟，相对而言，敲除*TGF-β 1*和*TGF-β 3*后基本不影响毛发的生长。

3. Shh 信号通路

在果蝇中发现Hh（Hedgehog）蛋白。人类含有*sonic hedgehog*（*Shh*）、*deser hedgehog*（*Dhh*）和*india hedge-hog*（*Ihh*）3种Hh同源基因。Shh基因表达有局限性，仅在上皮细胞中表达。Shh信号是胚胎发育和组织形成中不可缺少的分子，参与皮肤间充质细胞和上皮细胞间的信号传导。通过免疫组织化学方法研究发现，牦牛皮肤毛囊形态发生的基板前期和基板期，Shh蛋白在表皮基底层细胞中表达，间充质细胞中不表达；在毛芽期和毛钉期不表达；在毛囊期在部分表皮细胞和毛乳头细胞中表

达。在小鼠中，*Shh*基因的突变会导致毛囊毛乳头缩小，敲除*Shh*基因和*Gli-2*（Shh下游转录因子）后，毛囊发育到一定程度后停止，但对毛囊的发生过程没有影响。在真核生物细胞中大量存在胞外信号调节激酶（MEK / ERK）信号通路，在细胞增殖、凋亡和迁移等细胞活动中起到重要作用，MEK/ ERK和Shh信号通路之间具有密切的联系。刘海燕等（2015）研究表明，Shh信号通路促进角质形成细胞（keratinocyte，KC）中的MEK / ERK信号通路激活，Shh信号通路依赖MEK / ERK信号通路调控KC增殖分化及凋亡。对胚胎期毛囊研究发现，Shh是β -catenin信号的重要下游效应物，参与毛囊细胞的过表达。Shh和BMP信号通路激活WNT / β -catenin而调控毛囊的发育，因此Shh和BMP信号之间的调控机制是WNT / β -catenin信号传导途径的基础。

4. NF-kB 信号通路

核因子kappa B（Nuclear FactorkappaB，NF-kB）是哺乳动物的转录因子NF-kB家族，由P50（P105的处理产物，也被称为NF-kB1）、P52（P100的处理产物，也被称为NF-kB2）、REL（也被称为cREL）、REL-A（也被称为P65）和REL-B组成，这些蛋白质二聚化后形成有功能的NF-kB。在小鼠皮肤中缺乏NF-kB时，初始毛囊前基板形成受阻；在毛囊的早期发育阶段NF-kB调节WNT和Shh的信号传导。在人类和小鼠皮肤毛囊中，NF-kB有活性的位点都可观察到EDAR mRNA的表达，可以判断NF-kB可能受到EDA-A1 / EDAR信号调节；NF-kB维持人类毛囊细胞的生长期。表明在人和小鼠的皮肤中WNT / β -catenin和EDA-A1 / EDAR / 、NF-kB之间的相互信号传导作用很重要。*Lhx2*是NF-kB的靶基因，缺失NF-kB的胚胎中*Lhx2*也不表达，敲除*Lhx2*和*TGF-β 2*后胚胎毛囊发育表现出非常相似的异常，都出现对毛囊生长所需的E-钙黏蛋白抑制失败。NF-kB缺失和*Lhx2*敲除的胚胎皮肤中TGF- β 2信号传导受阻，*Lhx2*敲除的皮肤中外源性TGF- β 2能够维持毛囊的形态发育，认为TGF- β 2作用于*Lhx2*基因的下游。NF-kB / *Lhx2* / TGF β 2信号轴对初级毛囊的形态发生至关重要。

5. Notch 信号通路

*Notch*基因首次在果蝇中发现，*Notch*基因编码一类高度保守的细胞膜蛋白受体，它们调节从海胆到人等多种生物的细胞发育。Notch信号通路参与多功能祖细胞的增殖、凋亡和细胞轮廓形成等多个细胞形态活动。哺乳动物体内有5种Notch配体（Jagged1、Jagged2和Delta-like 1, 3, 4）和4种Notch受体（Notch 1-4）。Notch信号通路对毛囊的发育也很重要，Notch和WNT / β -catenin信号通路调节毛囊细胞的生

长和分化过程。Notch配体JAG1是β-catenin / Lef / Tcf复合物的直接转录目标，通过β-catenin诱导Notch配体JAG1的转录而激活Notch信号通路。在胚胎期毛囊的形成不需要Notch通路激活，但出生后阻塞Notch通路将毛囊转变成滤泡性表皮囊肿。Notch受体及配体在哺乳动物表皮中表达，Notch配体JAG1在毛囊的休止期少量表达，到毛囊的生长期JAG1 mRNAs在毛球基质层表达增强。

6. EDA与EDAR信号通路

外胚叶发育不全蛋白基因（*ectodysplasin-A*，*EDA*）是肿瘤坏死因子（*tumor necrosis factor*，*TNF*）家族新成员，被蛋白水解成可溶性形式后才能与邻近的EDAR受体结合产生活性。EDAR信号通路由配体EDA、跨膜受体EDAR和胞内衔接蛋白EDARADD构成，这3个基因最初在病人和小鼠模型上发现，并且在脊椎动物中高度保守。EDAR信号通路主要调控初级毛囊的发育，该通路有两条途径：EDA-A1/ EDAR/ EDARADD途径和EDA-A2/ EDA2R途径。第一个信号途径的3个基因突变导致初级毛囊的缺失，表明该通路对初级毛囊正常发育不可或缺；而*EDA-A2*突变的小鼠没有明显的表型变化，对此基因深入的研究较少。在小鼠胚胎发育过程中，胚胎发育的第13 d（E13）开始调控毛囊形成的分子事件启动；E14时，皮肤表皮层细胞局部增厚形成基板。E13时，EDA与EDAR弥散分布在皮肤最外层的上皮细胞中；E14时，也就是说在基板形成过程中，*EDAR*的表达主要集中在正在形成的基板处，而*EDA*基因在与其互补的基板间细胞中表达。表明EDA-A1 /EDAR信号通路对初级毛囊基板形成中发挥非常重要作用。

第三节　褪黑素对毛皮动物绒毛生长的影响

一、褪黑素的合成与代谢途径

褪黑素（Melatonin，MTN）主要是由哺乳动物脑部松果体分泌的一种吲哚类激素，其分泌主要受光照影响，从而表现出明显的“昼低夜高”节律变化。褪黑素生物合成的经典途径如图3-8所示：最初，色氨酸作为原料被转运到松果体细胞中，首先被色氨酸-5-羟化酶羟化，其次经过L-羟色氨酸脱羧酶作用脱羧形成血清素，血清素经过芳基烷基胺-N-乙酰转移酶（AA-NAT）乙酰化为N-乙酰5-羟色胺，最后被乙酰血清素-O-甲基转移酶（ASMT，也称为羟基吲哚-O-甲基转移酶或HIOMT）甲基化，形成褪黑激素。AA-NAT是褪黑素合成中的限速酶，由于AA-NAT的活性表达特征是在夜晚大幅升高，所以能够有规律地调控褪黑素循环产生，使其表现出明显的昼夜节律，因此，它可能是褪黑激素合成的调节位点。颈上神经节的肾上腺素能神经元释放去甲肾上腺素，激活β1和α1-肾上腺素能受体，从而启动松果体细胞的信号传导。去甲肾上腺素激活β1-肾上腺素能受体，通过信号传导腺苷酸环化酶提高细胞质中的cAMP，激活cAMP 依赖性蛋白激酶A，随后通过信号级联反应刺激增加AA-NAT的生成。此外，α1-肾上腺素能受体被去甲肾上腺素刺激，导致胞浆钙离子增加。

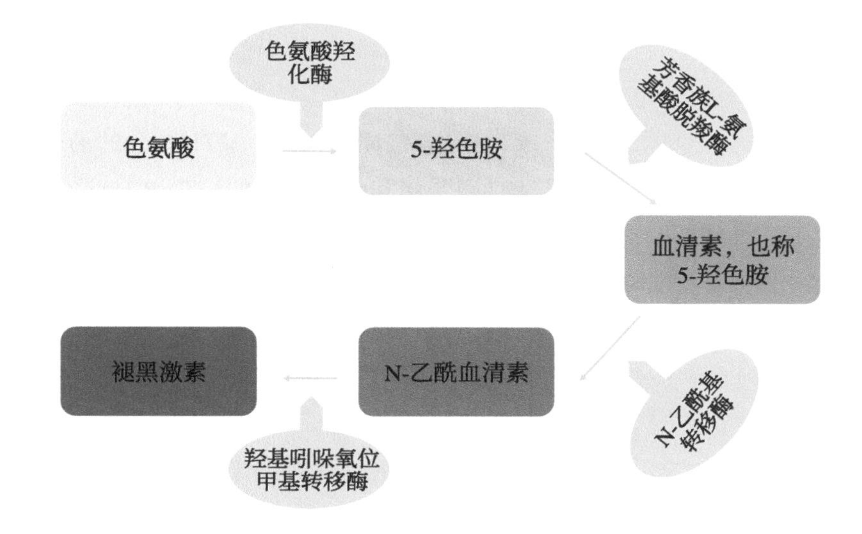

图3-8　褪黑素的生物合成

与褪黑素的合成相比，褪黑素的代谢还不太清楚。几十年来，6-羟基褪黑素被认为是唯一重要的褪黑素代谢物，因此大多数研究都集中在它身上。肝脏是褪黑素主要的代谢场所，褪黑素的新陈代谢始于细胞色素P450单氧化酶，涉及褪黑素在C6位的羟基化，生成6-羟基褪黑素（6-HMT），在6-羟基褪黑素磺基转移酶的催化下，与磺酰基结合，生成6-磺褪黑素，大部分与硫酸盐的结合随粪尿排出体外，小部分转化成6-羟基褪黑素葡萄糖苷酸与甲氧基吲哚乙酸。事实上，褪黑素的代谢是一个非常复杂的过程，6-羟基褪黑素只是其众多代谢物中的一种。褪黑素通过酶促过程、假酶促过程或通过其与ROS和NOS的相互作用进行代谢，在这些反应中，褪黑素在清除2个羟基后转化为环状3-羟基褪黑素。在非肝组织比如大脑中，N1-乙酰基-N2-甲酰基-5-甲氧基犬尿胺 （AFMK）是褪黑素氧化的主要代谢产物，该途径的下一步（犬尿酸途径）是将AFMK转化为AMK（N1-乙酰-5-甲氧基犬尿胺）。

二、褪黑素及其受体

MTN通过与其受体（Melatonin Receptor，MTNR）的结合来发挥其生物学功能，具有广泛的生理活性，其功能之一就是具有调控毛皮动物的毛发生长发育。绒山羊毛被生长的周期性受光周期制约，其实质是通过松果腺分泌的MTN控制。长日照抑制MTN合成，而光照缩短则会减轻其抑制，MTN水平上升，催乳素（Prolactin，PRL）水平急剧下降，诱发绒山羊绒毛开始生长。由此可见，绒山羊绒毛生长与自然光照长度、MTN及PRL分泌紧密相关。研究表明，通过对体外培养毛囊添加MTN与PRL，均可以促进毛囊延伸；外源MTN埋植于动物皮下可促进绒山羊在非产绒季节和产绒季节长绒，并能显著增加产绒量。

MTNR属于G蛋白耦联受体家族，根据MTNR与2-^{125}I-MTN结合的药理和动力学特性可将它们分为高亲和性的MTNR1型受体和低亲和性的MTNR2型受体，根据蛋白质同源性还可将MTNR1型受体分为MTNR1a、MTNR1b、MTNR1c三种亚型，目前在哺乳动物中尚未发现MTNR1c亚型，只发现MTNR1a、MTNR1b二种亚型。小鼠*MTNR1a*基因长度大于14 kb，编码一种含353个氨基酸的蛋白质，其结构由2个外显子和1个大于13 kb内含子构成，其中外显子1编码的范围包括5' 非翻译区和一直到第一个细胞内环的编码区，外显子2则包括3' 非翻译区及剩余的编码区。*MTNR1b*是一单拷贝基因，它具有多个转录起始位点。人的*MTNR1b*基因编码为长约362个氨基酸的蛋白质，*MTNR1b*基因结构与*MTNR1a*相似，由一个长度大于8 kb的内含子将两个外显子隔开，内含子剪切位置在第一个细胞质环处。研究表明克隆绒山羊*MTNR1a*基因

第1、2外显子的序列，与报道的绵羊、人、鸡、鼠外显子2序列同源性均较高。对于*MTNR1a*基因的多态性，结果表明*MTNR1a-4-577*基因座对内蒙古绒山羊的产羔性状有显著影响，*MTNR1a-4-589*基因座对羔羊初生重有显著影响，但没有发现对产绒性状和体重有显著影响的SNP。

三、褪黑素对绒山羊绒以及毛囊生长发育的影响

褪黑素是连接光周期和毛囊生长的重要媒介，血清中褪黑素水平的周期性变化直接导致次级毛囊的周期性生长，山羊绒的生长也随着这种周期性变化而出现生长、休眠和脱落。山羊绒季节性生长可能与褪黑素分泌量有关。鉴于外源褪黑素诱发一些季节性毛皮动物在春夏季生长冬季毛皮，一些科学家用外源褪黑素对绒山羊进行了研究。早在1987年，国外学者通过绒山羊进行体外埋植褪黑素后，发现绒山羊毛囊周期被推迟且绒毛产量均显著提高，后续的研究也发现持续一年或两年皮下埋植褪黑素能够显著提高羊绒长度和羊绒产量，并且促使羊绒提早长绒以及一年抓两次绒。相关研究探究了褪黑素对干乳期和泌乳期山羊产绒的影响。在南半球，从9月开始隔8周分三次对山羊进行褪黑素处理，翌年1月剪毛测定，结果干乳期绒毛产量提高90%，泌乳期山羊绒产量提高43%。对于褪黑素与羊毛生长的关系，有研究将羊分为短期处理（一次性褪黑素处理），一年内每隔6周处理一次的连续性褪黑素处理和对照。结果三种处理血浆中褪黑素的含量差异高度显著，经褪黑素处理血液催乳素的含量下降，不同处理各月羊毛的生长高峰不同，但一年中羊毛总的产量并无显著差异。研究发现连续两年春季对产绒母羊进行不同方式褪黑素处理（皮下埋植或注射），两种处理褪黑素剂量均为每公斤体重1.86 mg，结果表明两种处理的山羊在11月至翌年3月（南半球）都能长绒，山羊绒长度12 ～55 mm，其中65%的个体山羊绒的长度超过30 mm，而对照组只长粗毛。一年内连续9次（每次间隔 6周）对产绒山羊皮下埋植褪黑素，和每隔6周对一组山羊进行一次褪黑素处理，除了10月（相当于北半球4月）处理的一组，山羊绒产量提高32%，其余各组山羊绒产量与对照组无显著差异。此外有报道发现对山羊进行外源褪黑素处理，一年可剪两次绒，且80%的个体长绒都能达到所要求的4 cm的长度。对绒山羊分别在非生绒期（7—10月）和休止期（1—4月）埋植褪黑素，结果发现，埋植褪黑素不但可促使绒山羊在非生绒期生长绒毛，而且还可延长绒毛生长的天数。研究发现，给成年绒山羊埋植褪黑素不但可提前绒山羊春季脱绒的时间，而且还可提前绒山羊毛纤维和绒毛发生生长的时间。有学者通过将mouflon羊分为三组：对照组（1组）、埋植褪黑素组（2组）及

长光照组（3组），前两组给予自然光照，2组在耳根皮下埋植18 mg褪黑素，1998年12月23日、2月23日、4月23日埋植，并测定血液中PRL的浓度，结果表明埋植褪黑素后，脱毛的时间与毛发生长存在着较近的依赖关系。夏季白天较长的时候埋植褪黑素，将导致绵羊秋季脱毛，冬季又形成毛被。然而冬季连续埋植，在山羊中对PRL的分泌将没有影响，不换毛的绵羊品种，像安哥拉山羊一样，对褪黑素的反应无效。这些研究结果提示，褪黑素是山羊绒毛生长的启动和刺激因素，而光照可能是通过影响褪黑素的分泌量而对山羊绒生长产生影响的。

在食品中添加褪黑素可增加绒山羊次级毛囊在春季的有丝分裂率，给新西兰山羊每天注射70 mg的褪黑素，连续14 d后可增加血液中褪黑素的水平，并促进毛囊从休止期进入兴盛期，而未处理的仍处于休止期。褪黑素以剂量依赖的方式促进绒山羊毛囊DNA的合成及毛干的延伸，体外毛囊培养进一步说明了褪黑素对毛发生长的影响。MAJID先分离培养9月和10月的绒山羊次级毛囊，在培养基中依次添加5个浓度（0ng/L，50ng/L，100ng/L，150ng/L，300ng/L）褪黑素，发现在24 h内及累积120 h后褪黑素对次级毛囊毛干的延伸有刺激作用，加入300 ng/L看到毛囊的最大生长量。体外试验表明褪黑素可能直接作用于次级毛囊促进毛干的延伸。

在国内，早在1994年研究发现，外源褪黑素处理能诱导羊绒提前生长，提高产绒量从而改变羊绒生长周期，接着柳建昌等（1994）通过对内蒙古绒山羊改进埋植褪黑素浓度后发现产绒量可提高16.75%，研究发现在毛囊休止期对绒山羊进行褪黑素处理发现羊绒产量可提高7.75%，并且褪黑素可以刺激毛囊生长期提前发生。在非长绒期通过控制光照与埋植褪黑素诱导内蒙古绒山羊长绒，实现年产绒1次或2次，从而提高羊绒产量。也有学者在长绒前一个月对内蒙古绒山羊进行褪黑素处理，发现羊绒萌发时间提前，绒长与羊绒产量均有所提高。但是对于羊绒细度没有影响。研究表明褪黑素能够诱导内蒙古绒山羊提早两个月长绒且促使山羊一年之内两次生绒，显著增加产绒量并且发现羊绒有变细的趋势。通过对内蒙古绒山羊羔羊连续两年体外埋植褪黑素,在其抓绒时发现羊绒细度变细，对于成年绒山羊埋植褪黑素能够提高抓绒时的绒毛比。通过对内蒙古绒山羊在非长绒期埋植褪黑素，发现能够刺激山羊提前长绒，并且在4月和6月两次埋植能够诱导羊绒提前萌发，从而延长长绒期，提高产绒量和绒长，降低羊绒细度，进而提高山羊绒品质。

褪黑素是影响羊绒生长的重要因素，能够促进羊绒生长的调节机制，可通过影响基因表达调节毛囊生长周期。随着研究的深入，研究人员逐渐对褪黑素调控绒毛生长以及毛囊周期的遗传机制产生兴趣。有研究表明通过对内蒙古绒山羊埋植褪黑

素，检测到了褪黑素的核受体RORa mRNA在不同月份的动态表达变化，发现褪黑素对绒山羊绒毛调控是通过细胞核受体RORa来发挥其功能，阐明褪黑素受体对于产绒性能的影响及调控机理。随后，也有研究通过对不同月份的皮肤组织进行转录组测序，证明了褪黑素能够改变毛囊生长关键的基因*Wnt10b*、*frizzled*和*β-catenin*在皮肤组织中的表达规律，且褪黑素能够促进退行期和休止期WNT10b蛋白的表达，表明MTN通过改变相关基因的表达来改变次级毛囊发育的周期。接着，研究人员在体外培养出内蒙古绒山羊毛乳头细胞，通过转染Wnt10B干扰过表达慢病毒载体，发现褪黑素介导下的毛乳头细胞中*β-catenin*、*FGF21*、*Lef1*、*SFRP1*的基因与蛋白表达均有显著差异，表明褪黑素可能介导Wnt10b进而促进毛囊的生长发育。研究发现褪黑素能够通过介导陕北白绒山羊毛囊干细胞中的Wnt信号通路中的下游因子促进毛囊干细胞的增殖和细胞周期并且调节noggin来调控干细胞的干性。研究人员对褪黑素处理的内蒙古绒山羊进行转录组测序并通过WGCNA鉴定出与毛囊相关的关键基因*PDGFRA*、*WNT5A*、*PPP2R1A*、*BMPR2*、*BMPR1A*和*SMAD1*，发现褪黑素介导的与毛囊启动发育相关的信号通路包括Hippo、TGF-beta和MAPK信号通路。

随着基因组学的发展，越来越多的研究表明，非编码RNA在毛囊发育中起着重要调控作用，近年来关于MTN介导毛囊发育下非编码基因和编码基因的表达调控机制的探索也逐渐成为热点。有研究利用RNA-seq技术对内蒙古绒山羊整个毛囊生长周期埋植褪黑素组和对照组皮肤进行筛选，共有145个 mRNAs和93个lncRNAs，并构建了褪黑素诱导下毛囊信号通路-mRNA-lncRNA网络，通过对差异mRNAs进行富集分析发现在褪黑素的介导下这些差异基因富集在与毛囊生长相关的典型信号Wnt、Hedgehog、ECM、Chemokines和NF-kappa B信号通路中，褪黑素可能介导这些通路参与非静止和继发性脱落的调控过程。中国农业大学研究团队对4月龄的内蒙古绒山羊体外埋植褪黑素，表明MTN可以增加次级毛囊的密度，从而提高后续羊绒的产量和质量 ，为了探讨MTN诱导次级毛囊分化发育的分子机制，对不同处理的山羊皮肤进行了RNA-seq，测序得到1044个DE mRNAs、91个DE lncRNAs、1054个DE CircRNAs和61个DE miRNAs，关键的差异mRNA（*FGF2*、*FGF21*、*FGFR3*、*MAPK3*）富集在促进毛囊生长的MAPK信号通路中，进一步通过双荧光素酶试验发现MTN通过CircMPP5靶向结合miR-211，调节MAPK3的表达，从而诱导次级毛囊细胞的分化和增殖。有研究利用RNA-seq技术对褪黑素处理的辽宁绒山羊皮肤进行测序，筛选出差异LncRNA MTC, 通过试验发现LncRNA MTC通过介导NF-B信号通路的关键基因促进成纤维细胞增殖，从而调控山羊毛囊生长。

四、褪黑素受体在皮肤和毛囊中的表达

褪黑素受体最先是在鼠的皮肤表皮及毛囊上皮检测到。目前，褪黑素受体明确鉴定的有膜结合的、细胞溶质的和核受体的3种。MTN1和MTN2是膜结合受体，属G蛋白偶联受体，主要在中枢神经系统表达。另外一种褪黑素结合位点被确认为细胞溶质酶，直到今天，对其生物功能仍知之甚少。褪黑素核受体属于RORα, 是RZR/ROR亚家族成员，包括4个剪切变体，RORα1、RORα2、RORα3和RORα4。RORα表达较为广泛，但在粒细胞和皮肤中的表达量最高。

一些报道认为，褪黑素对毛发生长的效应可能是由褪黑素直接发挥作用，而其他的作用可能是由毛囊表达功能性的MTN受体通过信号传导产生。但是编码MTN1受体的基因已经在毛囊角质化细胞和真皮乳头的成纤维细胞中证实，在真皮乳头的成纤维细胞中还发现了MTN2的一个突变体，但在毛囊角质化细胞和黑素细胞中不表达。哺乳动物的皮肤表达褪黑素结合位点、膜受体、细胞溶质和核受体。鼠的皮肤表达MTN2，而不表达MTN1，人的皮肤两种受体均有表达。RORα和它的亚型在表皮不同的细胞系异质表达，RORα1和RORα4在成年真皮成纤维细胞中表达，RORα2仅在黑素细胞中被检测到。MTN2的表达在兴盛期晚期和退行期上调，休止期较低，RORα在兴盛期晚期较低，退行期晚期上调，休止期又下降。目前在绒山羊皮肤中未发现高亲和力的褪黑素的结合位点。

第四节　光周期调控技术研究与应用

一、光控增绒技术的原理

光控增绒技术是在2007年由内蒙古鄂托克前旗北极神绒牧业研究所的郝·巴雅斯胡良和内蒙古农业大学伊毕格乐图经过十几年的探索和研究发明的一项专利技术，该技术主要利用光照影响褪黑激素的分泌，褪黑激素影响羊绒生长的原理。研究发现，光照周期性变化可影响绒纤维季节性生长，光照的周期性变化与羊绒生长关系显著。绒山羊在饲养过程中使用人为方式周期性地控制光照，发现褪黑激素等一系列激素的分泌和代谢受到影响，进而达到了绒纤维季节性生长可控的目的。长日照抑制褪黑激素的分泌，短日照促进褪黑激素的分泌。动物在光照感知影响下，体内的松果腺体受到视神经的控制，使色氨酸转变为5-羟色胺，随后发生转移酶催化反应后，最终形成了褪黑素。伴随着光照日夜变化及一年中光周期性变化，发现褪黑激素夜间分泌量较多，日间分泌量较少，褪黑激素的分泌呈现明显的周期性变化。光控增绒技术列入2013年内蒙古自治区人民政府振兴羊绒产业意见，2012年获中国第七届“发明创业奖”，2017年获得首届内蒙古自治区科技工作者创新创业大赛银奖，2016年被选入《全国草食畜牧业发展规划（2016—2020年）》。

二、绒山羊光控增绒技术规程

绒山羊光控增绒饲养周期为每年5月初至10月中旬，使用增绒专用棚（棚内不能有一丝直射光，且自然通风良好），见图3-9。绒山羊光控增绒技术的方法和步骤如下。

（1）**方式1**：每日9:30—16:30为绒山羊自由放牧、饲喂、饮水时间，16:30至翌日9:30将绒山羊圈入增绒专用棚内，关闭门窗，此为限制日照时间；**方式2**：每日16:30至翌日9:30为绒山羊自由放牧、饲喂、饮水时间，9:30—16:30将绒山羊圈入增绒专用棚内，关闭门窗，此为限制日照时间。以上两种方式可任选其一不得交替使用。

（2）每日出棚前15 min逐渐打开门窗，使羊适应。

（3）从9月15日开始，每隔10 d限制日照时间缩短1 h，至10月15日解除限制日照时间进行常规饲养；绒山羊回归自然长绒状态，恢复自然节律。

（4）在整个光控增绒饲养期间不得中断每天入圈。

图3-9 绒山羊在光控增绒专用棚内

三、光控增绒技术对不同地区绒山羊增绒效果的影响

光控增绒技术是一种成本低、效率较高的增绒技术，对提高绒山羊的产绒量具有重要的意义。通过公益性行业（农业）科研专项“西北地区荒漠草原绒山羊高效生态养殖技术研究与示范”、中蒙国际科技合作专项“蒙古高原绒山羊高效生态养殖技术模式研究与应用”的实施，在内蒙古、陕西、甘肃、新疆等地区光控增绒试验羊34.62万只次，增绒率为平均为50%（29.4%~57.9%），降低放牧草场压力20%~40%，植被盖度提高到10%~20%，技术收益127.1元/只，效果明显。在蒙古国彩色绒山羊光控增绒羊达11832只，进入中蒙两国“一带一路”倡议合作。绒山羊光控增绒试验羊绒厚显著高于自然饲养管理的绒山羊，各省区平均增绒率达到50%以上（表3-3，图3-10），因科技带来的纯增收益为127.1元/年（其中不含放牧草场植被恢复增加载畜量经济收益）。

表3-3 绒山羊光控增绒饲养平均个体增绒率

示范点	分组	数量/只	平均绒厚/cm	增绒率	平均产绒量/g	增绒率
内蒙古	试验组	8309	10.70	69.80%	986	59.63%
	对照组	6098	6.30		614	
陕西	试验组	1709	10.85	55.00%	1236	52.60%
	对照组	1743	7.00		810	
新疆	试验组	2680	6.87	59.80%	645	50.10%
	对照组	2580	4.30		430	

续表

示范点	分组	数量/只	平均绒厚/cm	增绒率	平均产绒量/g	增绒率
甘肃	试验组	869	5.58	52.80%	498	28.65%
	对照组	1314	3.65		387	
合计	试验组	13567				
	对照组	11735				

图3-10　不同地区光控增绒棚圈

四、对光控增绒技术原理的相关研究

目前对光控增绒技术原理的研究，主要是从毛囊形态发育、内分泌激素变化情况、皮肤组织差异表达基因的挖掘、多组学等方面进行原理研究的。

1. 毛囊组织形态学

绒山羊绒毛生长具有季节性，以一年为一个生长周期，绒山羊绒毛生长周期可以划分为：生长期、退行期和休止期。事实上，绒山羊绒毛生长具有明显的季节性，在自然放牧下与繁殖周期规律一致。夏至后，当日照由长变短时皮肤次级毛囊开始生长，随着日照缩短，绒毛生长加快；冬至以后，当日照由短变长，绒毛生长变慢，并逐渐停止。通过对正常光照条件下不同月份绒山羊的毛囊形态的观察，发现绒山羊绒毛生长呈季节性变化，秋季长绒，夏季脱落。一般认为5—12月为生长期，1月为退行期，2—4月为休止期（图3-11）。但是不同品种的绒山羊绒毛生长期持续时间不相同，绒毛生长期周期的长短是导致产绒量差异的主要原因。然而，毛囊的生长是一个连续的受环境以及多种信号通路调控的精细的生物学过程，并没有严格的周期划分，一般所讲的毛囊周期的划分只是为了便于研究。通过比较光控组和对照组毛囊发育水平的变化，发现光控可以促使毛囊提前两个月由生长前期进入生长旺盛期，并且未使毛囊提前进入退行期和休止期，大大延长了绒毛生长旺盛期的时间。

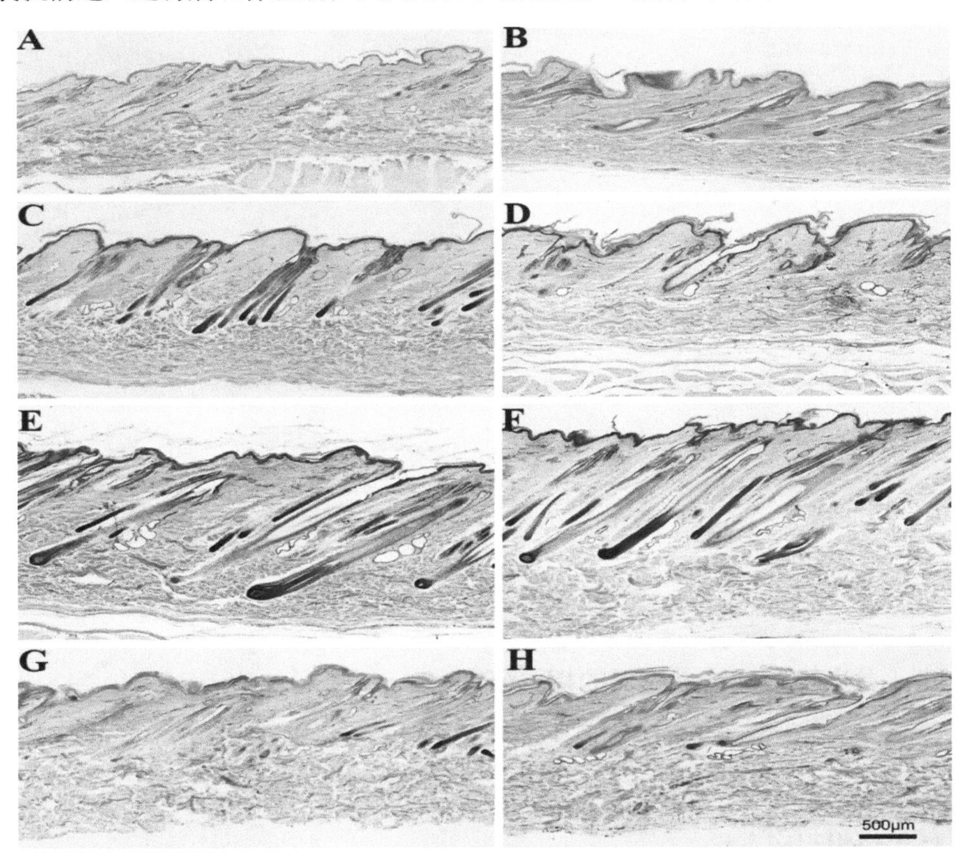

图3-11　人工短光周期试验组及自然光周期条件下绒山羊体侧皮肤组织石蜡切片的HE染色结果

注：图中A、C、E、G分别为4月、6月、9月、1月人工短光周期试验组绒山羊体侧皮肤组织切片；图中B、D、F、H分别为4月、6月、9月、1月自然光周期对照组绒山羊体侧皮肤组织切片；比例尺500 μm。

如图3-11所示，4月的皮肤组织切片结果显示了在短日照处理前试验组与对照组毛囊形态及生长状态并无明显差异，大部分毛囊处于休止期。在进行短日照处理1个月后，试验组绒山羊毛囊已经表现出典型的兴盛期特征，皮肤增厚约10%，毛囊尺寸增大，数量增多。而相应对照组的毛囊形态仍处于休止期。9月以后对照组毛囊进入兴盛期，毛囊构建及生长活动最旺盛，此时试验组同样处于这个时期，两组绒山羊毛囊生长状况无明显差异。1月的皮肤组织切片结果显示，试验组与对照组绒山羊毛囊生长活动减弱，开始进入退行期。

2. 内分泌激素

光控增绒机理研究结果表明，人工控制短光周期可以调控绒山羊与绒毛生长相关的内分泌激素变化，试验中光控羊只血液MLT、IGF-I 和EGF 浓度显著增加，PRL分泌显著减少。改变光照持续时间或者埋植褪黑激素都会引起PRL的变化，同时，也会引起毛囊生长周期发生变化。PRL对毛囊生长也具有重要作用，低浓度的PRL促进绒毛生长，高浓度的PRL分泌会引起绒毛脱落，在皮肤中催乳素受体的表达随毛囊发育周期呈周期性变化。因此推测褪黑激素的变化可能通过调节PRL浓度的改变调控绒毛的周期性生长。有研究发现正常光照条件下，在绒毛生长期5—10月底期间，PRL浓度8月达到最低，可能与毛囊开始生长有关；而试验组6月最低，此时已进入毛囊生长旺盛期，可能较低的PRL浓度促进了绒毛的生长；而9月试验组PRL浓度依然维持在较低水平，可能与毛囊生长期延长而未提前脱绒有关。但是，血液中激素水平含量受外界环境影响较大，实际操作中难于持续长时间收集检测。而激素必须通过与相应受体结合才能发挥作用，前期研究表明绒山羊皮肤中不存在褪黑激素膜受体，却可以与皮肤中的孤核受体相互作用，山羊皮肤中存在PRL受体，而褪黑激素水平可以影响PRL浓度变化。因此，关注皮肤中激素受体的变化以及表达部位，可以间接地解释是否由于血液激素水平的变化而引起毛囊周期性的改变。

杨敏等（2018）对2～4岁的50只内蒙古阿尔巴斯型绒山羊母羊进行光照时间限制的处理，对不同月份试验组和对照组血清中褪黑激素的变化情况和绒毛性状等指标进行监测，结果表明，试验组比对照组绒毛产量提高了54%，差异极显著（$P<0.01$）。刘斌等（2018）通过控制日照时间，对光控增绒试验羊的血液进行研究，发现血液中MLT、IGF-I和EGF浓度显著增加，PRL合成显著减少；分别在4月和6月底两次埋植褪黑激素可以有效衔接自然绒毛生长期而增加产绒量，并且绒毛细度更细，也不影响绒山羊的繁殖性能。6月埋植褪黑激素，增绒效果不明显，而4月底

和6月底埋植增绒效果显著。在绒毛生长旺盛期埋植褪黑激素不影响绒长度，但是会诱发二次生绒，导致提前脱绒。4月底埋植褪黑激素与本试验中光控的时间接近，推测4月底或5月初对于内蒙古阿尔巴斯型绒山羊是一个合适的时间点进行埋植或者控制光照时间来增加产绒量。不管是埋植褪黑激素还是控制光照时间，都维持或者升高了血液中褪黑激素的含量，这一变化可能对次级毛囊的启动具有重要意义。

有研究表明，在光控3个月后（9月），试验组的激素水平呈现急剧降低，而对照组却升高，原因可能是自然光照条件下，9月已经进入短日照，褪黑激素水平分泌增加；而试验组却降低，可能对光控现象具有一个延迟反应（图3-12A）。其余月份试验组和对照组变化趋势基本一致。在对照组中，催乳素从5月开始逐渐降低，8月降至最低，此时绒毛开始生长（图3-12B）；而试验组6月已降至较低水平，此时绒毛进入生长期，试验组和对照组差异最大也出现在9月，可能正是由于催乳素浓度的降低维持了绒毛的继续生长，而没有提前进入退行期和休止期。该结果说明光控对绒毛生长最关键的月份是6月和9月，推测光控维持褪黑激素水平的稳定，促使提前启动毛囊生长期；而低浓度的PRL水平维持了生长旺盛期，未使其提前进入退行期和休止期。

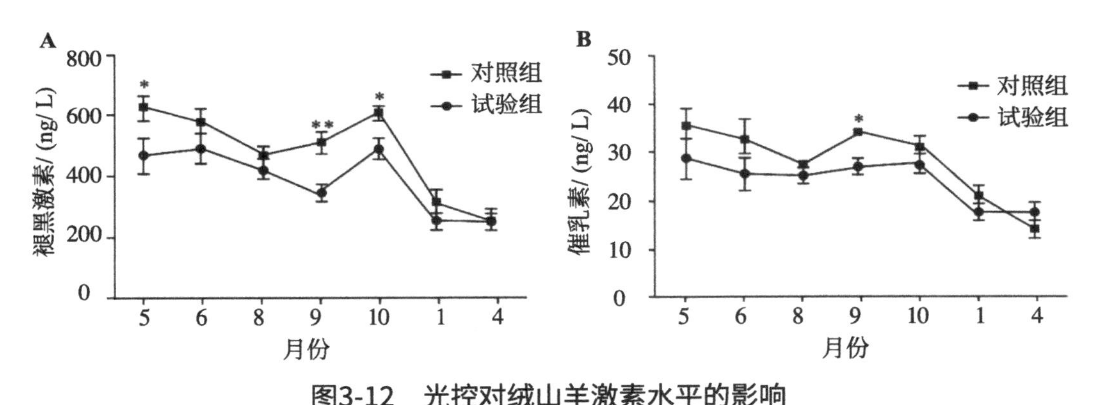

图3-12　光控对绒山羊激素水平的影响

3. 基因差异表达

光控可以改变毛囊的生长周期，使其提前进入兴盛期并显示出毛囊生长相关蛋白的表达，光控绒山羊次级毛囊6月具有生长期特征，毛囊中*PCNA*（细胞增殖指标）、*K15*（干细胞标记物）和*β-catenin*的表达增强，证明了短日照对于毛囊周期具有重要影响。

通过对陕北白绒山羊进行光控处理，发现光控提高试验羊血清MT浓度、降低血

清PRL浓度，与此同时上调激素受体基因*ERβ*的表达，下调*ERα*的表达，同时期在上调毛囊发育相关基因*β-catenin*、*PDGFA*、*BMP2*和*FGF5*的表达，下调*BMP4*的表达，发现次级毛囊重建速度变快的同时，密度增加，S/P值提高，这些因素诱发羊绒提前生长，达到增加产绒量的目的。与对照组相比，恒定短光照处理上调了经产母羊皮肤组织中*β-catenin*和*PDGFA*的基因表达，渐减光照处理上调了经产母羊皮肤组织中*β-catenin*、*BMP2*和*PDGFA*基因表达。

4. 多组学

涉及毛囊生长及毛干纤维合成的角蛋白及角蛋白相关蛋白*keratin 34*和*keratin 85*等基因对光控增绒羊皮肤毛囊提前进入兴盛期有重要作用。对于绒山羊毛囊所特有的季节性，可能通过冷应激蛋白*CSDC2*等基因来响应短日照信号，激活*FOXO1*等毛囊生长关键基因与信号通路，从而启动毛囊生长周期，该基因的发现完善了绒山羊次级毛囊周期性生长的分子机制，同时该基因也可用于光控增绒效果的评估。刘斌等（2018）人为控制日照时间，对光控增绒试验羊的血液进行研究，发现基因差异表达较显著的有112个，*K85*、*KAP6-1*，*CYP17A1*、*SP-D*等23个显著上调；*CYP1A1*、*COL6A5*、*ddit3*等13个显著下调；杨敏（2018）对通过组织形态学、比较转录组学和分子细胞学技术，对内蒙古绒山羊光控增绒机制的研究较为全面，发掘出了表达具有周期性且可以调控毛囊生长的关键基因332个、转录因子25个；通过试验验证了转录因子*Csdc2*在毛囊调控中具有新功能，这些研究为光控增绒技术的推广应用奠定了理论基础。

第四章　绒山羊繁殖性能及调控技术

第一节　公羊繁殖生理

一、公羊的生殖器官及其功能

公羊的生殖器官由阴茎、睾丸、附睾、副性腺（精囊腺、前列腺、尿道球腺）、阴囊、尿生殖道等组成，具有精子发生、雄性激素分泌及完成交配的功能。

1. 睾丸

正常的睾丸具弹性呈卵圆形，分布于胯下左右两个阴囊内，主要功能是生产精子和分泌雄性激素。在胚胎前期睾丸位于腹腔内，随着胎儿的发育同附睾一起通过腹股沟管进入阴囊，分布在阴囊的两个腔内。睾丸未能正常下降到阴囊的现象称为“隐睾”。两侧隐睾的公羊完全失去生育能力，单侧隐睾虽然有生育能力，但隐睾往往有遗传性，所以隐睾的公羊均不能作为种公羊。睾丸是一个复杂的管腺，由曲细精管、直细精管、睾丸精网、输出管及精细管间的介质等部分组成。成年公羊的睾丸呈长卵圆形，悬于腹下，左右各一，重量为120～150 g。正常的睾丸坚实，有弹性，阴囊和睾丸实质有光滑柔软的感觉。生殖干细胞分布于曲细精管管壁基底膜一侧，与支持细胞相互作用分化成各级精子，构成生殖上皮。生殖细胞经过4次有丝分裂，2次减数分裂和形态学变化才能形成单倍体精子。精子通过曲细精管管腔进入直细精管和睾丸网，随后进入附睾内。平均每天羊的每个睾丸可产生精子（2.4～2.7）$\times 10^7$个。而位于曲细精管之间的间质细胞则可以分泌雄性激素，促使公羊产生性欲，刺激第二性征，促进阴茎和副性腺的发育，维持精子的发生和附睾精子的存活。

2. 附睾

附睾附着在睾丸的背后侧，是储存精子和排出精子的管道，分头、体、尾三部分。附睾是精子最后成熟、浓缩和储存的场所。附睾头由许多睾丸输出管与结缔组织盘曲形成多个附睾小叶，这些附睾小叶联结成扁平且杯状的附睾头贴附于睾丸的头端。各附睾小叶的输出管汇聚形成一条弯曲的附睾管，延伸贴附睾丸外侧形成狭窄的附睾体，而其尾端则扩张成附睾尾并与输精管相连。羊附睾管长35～50 m，管径为

0.1 ~ 0.3 mm，其上皮细胞分泌可供精子营养和运动所需的物质，因此精子可在附睾中获得自主运动能力。公羊附睾储存精子数为1500亿以上，其中68%储存于附睾尾。

3. 输精管

输精管是一厚壁束状管，左右两条，连接附睾尾和尿道，是精子排出的通道。输精管与通往睾丸的神经、血管、淋巴管和睾内提肌组成精索，一起通过腹股沟管进入腹腔，转向后进入股盆腔通往尿生殖道，开口于尿生殖道骨盆部背侧的精阜，在接近开口处输精管逐渐变粗而形成输精管壶腹，并与精液囊的导管一同开口于尿生殖道。输精管具有发达的平滑肌纤维，管尾厚而口径小，在交配时，在平滑肌的收缩作用下将精子从附睾尾输送到壶腹，同时与副性腺分泌物混合，然后经阴茎射出。

4. 阴茎

位于腹下包皮内，是公羊的交配器官，分为阴茎根、阴茎体及龟头三部分。阴茎由海绵体和尿生殖道组成，包皮内，可分成阴茎根、体和龟头三部分。羊的阴茎较细，体呈“S”状弯曲在阴囊后方，在龟头上有一丝状体，呈蜗卷状。阴茎平时缩于包皮内，在配种或采精时，受外界刺激，阴茎充血便勃起，它是排尿和输送精液到母羊生殖道的器官。

5. 阴囊

包裹于睾丸外侧的组织，起保护睾丸和调节睾丸温度的作用。阴囊是由腹壁形成的囊袋，由皮肤、内膜、睾外提肌、筋膜和总鞘膜构成，可由中隔膜将阴囊分隔成2个腔，左右睾丸分别位于其中。阴囊具有温度调节作用，当外界温度下降时，借助内膜和睾外肌的收缩作用，使睾丸上举，紧贴腹壁，阴囊皮肤紧缩变厚，保持一定温度；当温度升高时，阴囊皮肤松弛变薄，睾丸下降，阴囊皮肤表面积增大，以利散热降温。阴囊腔比正常体温低2 ~ 3 ℃，通常为34 ~ 36 ℃。

6. 副性腺

主要由精囊、前列腺和尿道球腺三部分组成，均开口于精阜的后方，分泌产生精清。射精时副性腺分泌物和输精管壶腹部的分泌物混合形成精清，并与精子共同形成精液。精囊腺成对分布于输精管末端的外侧，呈蝶形覆盖于尿生殖道骨盆部前端，其分泌液含有可为精子提供运动所需能量的果糖等物质。前列腺位于精囊腺的后方，为腹管状腺，多个腺管开口于精阜的两侧，其分泌物呈弱碱性，能中和尿道和精液中的酸性物质，刺激并增强精子的活动能力。

7. 尿生殖道

管状结构，为尿液和精液的输送通道。尿生殖道起自膀胱颈末端，终于龟头，可分为骨盆部和阴茎部。骨盆部为膀胱颈至坐骨弓的一段。阴茎部为阴茎腹侧的一段，与阴茎同长。

二、公羊的性行为和性成熟

初情期是指公羊初次出现爬跨等性行为，并能够射出精子的年龄，是性成熟过程中的初级阶段。初情期的早迟是由不同品种、气候、营养因素引起的。一般表现为体形小的品种羊早于体形大的品种羊，南方品种羊早于北方品种羊，热带的羊早于寒带或温带的羊，营养良好的羊早于营养不足的羊。我国山羊的初情期，一般在3～6月龄。当公羊能够产生成熟的、具有受精能力的精子时，即为性成熟期。一般公羊的性成熟期为5～7月龄。性成熟的早晚与绒山羊的品种、营养条件、体重、光照、个体发育、气候等因素有关。一般是体重大、生长发育快的个体性成熟早；营养充足平衡的个体性成熟早；受短光照或异性刺激的山羊性成熟早。通常公羊要达到1.5周岁（12～18月龄），体重达到成年时的70%以上（约60 kg）时开始配种为宜，此年龄即为公羊的初配年龄。公羊的性行为主要表现为性兴奋，求偶，交配。公羊表现性行为时，常有举头、口唇上翘、发出一连串鸣叫声、互相拍打、前蹄刨地面、嗅母羊的外阴、嗅母羊后躯及头部等。性兴奋发展到高潮时进行爬跨交配，且交配动作迅速，时间仅数十秒。

第二节　母羊的生殖器官及其生理功能

一、母羊的生殖器官及其功能

母羊的生殖器官主要由卵巢、输卵管、子宫、阴道以及尿生殖前庭和阴门等组成。负责分泌雌性激素、卵子发生、受精、孕育胎儿和分娩等生理功能。

1. 卵巢

呈扁卵圆形，左右各一个，功能是产生卵子和激素分泌。卵巢是卵子发生和成熟的场所，同时分泌可促进第二性征和性周期变化的雌激素。卵巢左右各一个，位于肾脏的后下方，由卵巢系膜悬挂在腹腔靠近体壁处，并由卵巢固有韧带连子宫角。卵巢由外层皮质和内层髓质构成。皮质由不同发育时期的卵泡和间质组织构成，是卵子和黄体生成的地方；髓质由结缔组织构成，内分布有大量的血管和神经。在卵泡的发育过程中，包围在卵泡细胞外的两层卵巢皮质基质细胞形成血管性的内膜和纤维性的外膜。卵泡内膜可分泌雌激素，促进母羊发情、排卵。排卵后卵泡成为黄体，并分泌孕酮，促进子宫黏膜增厚，维持妊娠。

2. 输卵管

位于两侧卵巢和子宫之间的弯曲小管，是输送卵子、精卵结合以及早期胚胎发育的地方。输卵管位于卵巢与子宫角之间的输卵管系膜内，靠近卵巢一端较粗，膨大呈漏斗状，称输卵管漏斗，开口于腹腔，称输卵管伞，可承接由卵巢排出的卵子。输卵管的靠近子宫端逐渐变细与子宫角相连。通常在输卵管1/ 3处精卵结合完成受精，因此输卵管同时承担了卵子及早期胚胎至子宫输送的功能。

3. 子宫

具有由两个子宫角、一个子宫体和一个子宫颈组成，是胚胎发育生长的地方。子宫大部分位于腹腔后部，小部分位于骨盆腔入口前部，连接输卵管和阴道，腹侧紧挨膀胱，背侧靠直肠，借助于两侧子宫阔韧带悬附于腰下部腹腔内。子宫角左右两边分开，其尖端分别与两条输卵管连接，其外形像绵羊的角，有大小两个弯，小弯向下，有子宫韧带附着，血管、神经由此出入。子宫内膜可以分泌前列腺素，对卵巢的周期性黄体起消退作用。在子宫黏膜层中有几排呈纽扣状隆起，称为绒毛叶阜，其中心呈窝状。妊娠时能增大好几倍，是胎膜与子宫相结合的地方，分娩后又逐渐缩小。交配后大量的精子可储存在复杂的子宫隐窝内，从而借助子宫肌纤维有节律而强有力地收缩送到输卵管部，在子宫内膜的分泌液作用下，使精子获能。子宫头是内括约肌样构造的厚壁组成的一条狭窄而长的宫腔，呈螺旋形管状，又称子宫头管。子宫头突入阴道的部分为子宫头阴道部，其开口称为子宫头外口。子宫头外口黏膜形成辐射状的皱褶，形似菊花状，在发情、配种时，子宫颈口稍开张，有利于精子进入，并具有阻止死精子和畸形精子的能力，可防止过多的精子到达受精部位。妊娠时，子宫头高度黏稠形成栓塞，封闭子宫颈口，起屏障作用，防止感染。

4. 阴道

是母羊交配和分娩的通道，也是子宫颈、子宫黏膜和输卵管分泌物的排出管道。阴道是一伸缩性很大，长度为10～14 cm的管道，子宫颈口突出于阴道内，形成一个环形隐窝，称为穹窿。后接尿生殖前庭，以尿道外口和阴瓣为界。

5. 尿生殖前庭

尿生殖前庭位于骨盆腔内，是阴道与阴门之间的一段，尿道口位于阴瓣的后下方，与膀胱相通。底壁有不发达的前庭小腺，开口于阴蒂的前方，在尿道外口的腹侧有一盲囊，称为憩室。两侧壁有前庭大腺及其开口，为分支管状腺，发情时分泌增多。

6. 阴门

阴门位于肛门和尿生殖前庭的入口之间，由左右两侧阴唇构成，分为上、下联合。上联合呈钝圆形，下联合突而尖。阴蒂埋藏在下联合阴蒂窝内，由弹力组织和海绵组织构成，富含神经，是母羊的交配感觉器。发情时阴唇充血、肿胀，阴蒂也充血、外露。

二、母羊的初情期与性成熟

母羊性机能的发育过程可分为初情期（青春期）、性成熟期及繁殖机能停止期。母羊幼龄时期的卵巢及其他性器官均处于未完全发育状态，卵巢内的卵泡多数萎缩闭锁。随着母羊达到一定的年龄和体重时，母羊将第一次发情和排卵，即为初情期（一般为4～6月龄）。此时，母羊虽有发情表现，但不完全，发情周期也往往不正常，其生殖器官仍在继续生长发育中。在母羔羊中，初情期的高频率GnRH分泌通常始于出生后对光周期信号的响应。发育中的羔羊LH的脉冲速率小于每小时1次。

随着GnRH分泌的增加，LH脉冲频率增加到每小时约1个，并在初情期开始时，强直LH基线会在几天内持续上升；这会导致一个或多个卵泡向排卵前阶段发育，并导致雌二醇生成稳定增加，最终激活排卵前LH激增机制。因此初情期是母羊发育期间首次允许出现每小时LH脉冲（LH脉冲频率）的时期。初情期以后，随着第一次发情和排卵，生殖器官的大小和重量迅速增长，性机能也随之发育，此时羔羊将出现第二性征，具有协调的生殖内分泌机能，表现出有规律的发情周期和完全的发情症状、能产生成熟的生殖细胞，并具备了繁殖能力，称为性成熟期（一般为6～8月龄）。但此时身体的生长发育尚未成熟，因此性成熟年龄并不是最适配种年龄，过早妊娠就会妨碍自身的生长发育，泌乳性能也较差，产生的后代也可能体质较弱、发育不良甚至出现死胎。但是，母羊初配年龄过迟，不仅影响其繁殖进程，而且也会造成经济上的损失。因此，一般在其体重达成年体重70%时即可开始配种，即母羊适龄配种年龄为10～18月龄。

三、母羊发情和发情周期

发情为母羊在性成熟以后，所表现出的一种具有周期性变化的生理现象，可持续到性机能衰退以前。两次临近发情开始的时间间隔称为发情周期。山羊正常发情周期的范围为12～24 d，平均为20～21 d。发情周期也有短到8～9 d，长到42 d的。在羊的每一个发情周期中，发情持续时间在24～60 h，平均为30 h左右，但也有长达3～4 d的。根据生殖器官的形态变化和性欲表现，可将发情周期分为四个阶段，即发情前期、发情期、发情后期和休情期（或间情期）。

1. 发情前期

这一时期的特征是上一次发情周期形成的黄体进一步呈退行性变化，逐渐萎缩，卵巢中有新的卵泡发育、增大，子宫腺体略有增殖，阴户逐渐充血肿大，排尿次数增加而量少，子宫颈稍开放，阴道黏膜的上皮细胞增生，母羊兴奋不安，喜欢接近公羊，但无性欲表现（即不接受公羊爬跨）。到在发情前2～3 d时卵巢的卵泡发育加快，卵泡内膜增厚，卵泡液增多，使卵泡部分突出于卵巢表面。

2. 发情期

母羊发情时，常常表现兴奋不安，对外界刺激反应敏感，食欲减退，频繁排尿，有交配欲望，主动接近公羊，在公羊追逐或爬跨时常站立不动，母羊之间也会互相爬跨，咩叫摇尾。此时卵泡分泌大量雌激素，并进一步在雌性激素的作用下，使外阴和子宫颈口发生松弛、充血、肿胀、阴蒂勃起，阴道充血、松弛，阴道间断地排出鸡蛋清样的黏液，初期较稀薄，后期逐渐变得浑浊黏稠，子宫腺体增长，为受精卵的发育做好准备。母羊从开始表现发情特征到这些特征消失为止的时期叫发情持续期。山羊发情持续期一般为24～48 h，在发情末期（发情开始后24～36 h）排卵。山羊属于自发性排卵动物，即卵泡成熟后自行破裂排出卵子。成熟卵排出后在输卵管中存活的时间约为48 h，公羊的精子在母羊的生殖道内受精最旺盛的时间是24 h，为了使精子和卵子得到充分结合的机会，最好在排卵前数小时内配种。因此，比较适宜的配种时期是发情中期。在生产实践中，早晨试情后，找出发情母羊立即配种，傍晚再配1次。

3. 发情后期

这个时期，母羊由发情盛期转入静止状态。生殖道充血逐渐消退，蠕动减弱，子宫颈封闭，黏液量少而稠，发情表现微弱，破裂的卵泡开始形成黄体。

4. 休情期（或间情期）

指发情后期到下次发情前期之间的时间。母羊的交配欲已完全停止，其精神状态已恢复正常。此时黄体已形成，并分泌孕激素。排卵以后，性欲逐渐减弱，到性欲结束后，母羊则抗拒公羊接近和爬跨。山羊在发情期内，若未配种或未受孕时，会再次进入下一个发情周期。

四、发情鉴定及配种时间

发情鉴定可确定发情母羊，从而合理安排配种时间，防止误配、漏配，并提高受胎率。发情鉴定一般有很多种方法。

1. 外部观察法

直接观察母羊的行为、症状和生殖器官的变化来判断其是否发情，这是鉴定母羊是否发情最基本、最常用的方法。

2. 阴道检查法

即使用阴道开膣器来观察阴道黏膜、分泌物和子宫颈口的变化，以判断发情程度。做阴道检查时，使用清洗、消毒、烘干后，涂上灭过菌的润滑剂或用生理盐水浸湿的阴道开膣器，保定好母羊，清洗干净外阴部，左手横向持开膣器，闭合前端，慢慢插入阴道内，轻轻打开开膣器，通过反光镜或手电筒光线检查阴道变化，

检查完后稍微合拢开膣器，然后抽出。发情早期母羊阴道呈现黏膜充血、呈现粉红色或深红色，表面光滑湿润，有透明黏液流出，子宫颈口充血、松弛、开张，有黏液流出。发情晚期母羊阴道黏膜特别是子宫颈口的黏液呈深红色或老红色，子宫颈口和阴道的黏膜为白色。如果母羊的阴道黏膜为白色，未充血，也没有黏液，则为未发情母羊。值得注意的是，即使母羊不发情，由于开膣器的作用也会使阴道黏膜逐渐充血，因此要求阴道检查时动作要快，并结合黏液变化予以印证。这种方法不适合大群体的发情鉴定，可以在人工输精时结合公羊试情法共同进行。

3. 公羊试情法

试情公羊（Teaser Goat）必须体格健壮，无疾病，2～5周岁，不用来配种的公羊。为了阻止试情公羊交配，要给试情公羊绑好试情布。试情布尺寸通常为宽35 cm、长40 cm，四角扎上带子，系在试情公羊腹部，将公羊阴茎兜住。试情公羊应单圈喂养，给予良好的饲养条件，保持活泼健康，除试情外，不得和母羊在一起。对试情公羊应每隔5～6 d排精或本交1次，以促其旺盛的性欲。用于试情的公羊和母羊的比例以1：（20～30）为宜，母羊过多可能会影响试情的准确性。一般情况下每群羊应该早晚各试情1次，对于1～2周岁的母羊，应根据情况酌情增加1次试情，每次试情应保证在0.5 h以上。试情公羊进入母羊群后，工作人员不能轰打和喊叫，可适当赶动母羊群，使母羊不拥挤在一处。发现有站立不动并接受公羊爬跨的母羊就是发情羊，要迅速挑出，赶到圈外，避免公羊射精影响性欲。如果不接受爬跨为不发情或发情不好的母羊。初产母羊发情不明显，应认真试情，仔细观察。

五、妊娠

母羊自怀孕到分娩的整个时期称为妊娠期。妊娠母羊新陈代谢旺盛，食欲增强，消化能力提高，毛色光润、膘肥体壮。山羊妊娠期正常范围为145～156 d，平均为150 d。一般青年羊、壮年羊比老龄羊妊娠期短，产多羔的比产单羔的短，春季妊娠的比秋季妊娠的短，经产母羊比初产母羊妊娠期短。

交配后精子在子宫中保存最多3 d，并不断释放，释放后可存活30 h左右，卵子可存活10～25 h，并在输卵管壶腹内受精。受精卵在连续分裂时沿着输卵管向下迁移，在发情后4～5 d到达子宫，即早期桑葚胚期。卵子的迁移是输卵管中纤毛上皮细胞、肌肉层蠕动活动和从漏斗到子宫的液体流共同运动的结果。山羊的胎盘和黄体在妊娠过程中为孕激素的两个主要来源，缺一不可。

一般可将妊娠期划分为胚期、胎前期和胎儿期3个阶段。母羊妊娠后，生殖器官和体况均发生明显变化。胚胎时期是动物发育最快的阶段，特别表现在细胞分化上，从而产生了有机体各部分的复杂差异。通常，随着胚胎日龄的增长，发育速度就逐渐加快，即由细胞分化转入相似细胞的迅速增殖和体积增大。了解胚胎时期的生长发育特点，可为妊娠期母羊的饲养管理提供科学依据。在胚胎发育的前期和中期，绝对增重不大，但分化很强烈，因此，对营养物质的质量要求较高，而营养物质的数量则容易为母体所满足。到胚胎发育后期，胎儿和胎盘的增重都很快，母体还需要储备一定营养以供产后泌乳，所以，此时营养物质的数量要求急剧增加，营养物质数量的不足，会直接造成胎儿的发育受阻和产后缺奶。

六、分娩

羊的妊娠期一般按150 d左右计算。通常用公式法推算，就是用配种月份加5，配种日期减2。如：某一只羊3月23日配种，预产期为3+5=8（月），23–2=21（日），那么，这只羊的预产期是8月21日。如果配种月份加5超过12个月，将年份推迟1年，即把该年月份减去12个月，余数就是来年预产月。此外，也可根据妊娠后期的临产表现来推断。孕羊产前半个月，见腹围显著增大，乳房膨胀，阴户肿大松弛，尾根部肌肉下陷时则可能在一两天内就要产羔。如果发现妊娠母羊不愿走动，前蹄刨地，时起时卧，排尿频繁，阴户流出黏液，不断努责和鸣叫，说明马上就要产羔。对临产前半个月的母羊要经常注意观察，发现临产症状应停止放牧，留在产羔圈内饲养待产，预产前10 d左右要将产羔圈清扫消毒，铺好垫草。对临产的母羊，白天晚上都要仔细观察，精心管理，经常准备好消毒药物、器械。

第三节　影响内蒙古绒山羊繁殖性能的因素

一、环境因素

山羊繁殖性状属于低遗传力性状，除了受遗传基因的决定外，还受诸多环境效应的影响，如光照、温度、湿度等条件的改变会对母羊的繁殖周期、排卵、激素分泌、受精等多项生殖活动产生影响。日照长度和强度对山羊季节性发情活动的启动和终止有重要作用。在卵巢的正常活动下，褪黑激素可以直接抑制腺垂体FSH和LH的分泌和释放，抑制腺垂体细胞PRL基因的表达，还能与O-肾上腺受体结合，直接调节性腺激素的分泌。日照时间的缩短减弱了松果体分泌褪黑激素的能力，从而增强垂体促性腺激素的分泌和释放，促进了卵巢的活动，有利于卵泡的发育和排卵。剑桥的研究表明，产羔季节后期出生的羔羊在第一个秋天不太可能表现出发情。除此之外，在夏季月份生长率较低的羔羊通常到第二个秋季时才进入青春期的概率较高。研究表明，当母羔羊在恒定的短光周期下饲养时，青春期至少会延迟半年，但经历了夏季长日照与夏至后短日照的羔羊则会当年进入青春期。因此，光周期变化的方向也很重要，即将母羔羊暴露于长日照，然后突然转入短日照，与相反方向的光周期序列相比，会导致青春期更快地开始。胎儿羔羊通过胎盘转移母体褪黑激素接收有关环境光周期的信息，并且羔羊在产前生活中接收的光周期信息会影响羔羊的产后神经内分泌功能。除了日照，适宜的温度也可提高母畜的繁殖性能。高温不利于卵子受精及受精卵在输卵管内的运行，使山羊的受胎率降低、胚胎死亡率增加。妊娠的母羊也会受高温影响而降低羔羊的初生重和生活力。

与母羊相同，公羊繁殖特性也呈现出季节性变化。睾丸大小（反映精子生产能力）似乎主要受采食量和生长变化的影响，而不是受促性腺激素浓度变化的影响。该研究提示皮脂腺体积的季节性模式与睾酮的比例非常接近。皮脂分泌的变化被认为是造成雄鹿气味季节性变化的原因。虽然这种季节性皮脂分泌模式的确切功能尚不清楚，但这种气味很可能有助于排卵反应。另外，压力也已被证实可导致山羊周期性活动的终止。而这里指的压力实际为心理压力，而不是由营养、疾病或气候引起的压力。例如即使在繁殖季节个体若被迁移到不熟悉的环境时性生理活动会停止。影响家畜繁殖活动的因素有许多，而其中环境因素的影响不仅广泛，而且复杂，有时多种因素叠加于一起很难探明其影响规律。因此在饲养过程中尽量保证环境相对恒定，舒适是保证家畜稳定生产的必要因素。

二、公羊效应

所谓“公羊效应”就是将公羊突然放入与公羊长期隔离的母羊群中，可以使母羊提前发情的一种效应。公羊效应实质是公羊分泌的外激素，对母羊感觉器官（包括嗅觉、视觉、听觉和触觉）产生刺激，经神经系统作用于下丘脑—垂体—性腺轴，激发LH释放，引起排卵。研究发现，将公羊放入季节性和生理性乏情的母羊以及性成熟前的青年母羊群后，几分钟内母羊的LH脉冲频率明显增加，表明公羊效应是直接增加LH分泌而起作用。公羊效应不仅能诱导母羊发情排卵，而且可以引起母羊的超数排卵，增加产羔数。虽然公羊效应能够在一定程度上诱导乏情期的母羊发情排卵，并具有一定的发情集中化趋势，但在实际生产活动中，仅仅靠引进公羊的方法不能够达到完全的发情同期化，短黄体期的存在影响了母羊的受胎率。同时，由于母羊个体间的差异，不同母羊对公羊引入的应答存在差异，尤其是对于没有性经历的青年母羊，它们对公羊引入应答的可变性降低了公羊效应广泛应用的普遍性，故要使公羊效应成为规模化养殖中的主要繁殖手段还需要进一步的研究和完善。

三、营养水平

营养水平对绵山羊的排卵率和产羔率有重要作用。对于年轻的母羔羊来说，体重很重要，因为青春期的发生很可能取决于动物在第一个秋天达到的临界体重。一般来说，母羊第一次发情的体重为成年体重的50%～70%不等。但是，活重也可能取决于季节。体重较轻的母羔羊不适合繁殖，因为它们将在今年晚些时候进入青春期，或者可能根本无法进入青春期。而排卵率与母羊的膘情有关，中上等膘情的母羊排卵率较高。有研究表明，低等膘情的母羊在配种前体重平均每增加1.0 kg，其排卵率提高2%～2.5%，产羔率则相应提高1.5%～2%。因此，短期优饲是提高膘情促进排卵的好办法。营养不足会引起家畜生殖器官发育受阻和机能发生紊乱，延迟青年母畜的初情期，导致成年母畜发情抑制、发情不规律、排卵率降低、乳腺发育迟缓，甚至会增加早期胚胎和初生仔畜的死亡率；营养过量导致母畜卵巢、输卵管及子宫等脂肪沉积过厚，不利于卵泡发育、排卵、受精及受精卵的运行，也限制了妊娠子宫的扩张和胎儿发育。同样，某些矿物质和微量元素的缺乏也会影响母畜繁殖力。磷、铜、锰、硒等微量元素的严重缺乏，会引起卵巢机能不全、延迟初情期、习惯性流产、胚胎早期死亡等严重繁殖障碍。维生素不足使多胎动物排卵数减少，维生素A和维生素E的缺乏使发情不规律、胚胎发育迟缓和初生仔畜生命力降低。

四、其他因素

选择和培育多胎品种是提高母羊繁殖力的重要途径，如马头山羊、海门山羊、济宁青山羊等品种有较高的产羔率。因此，在选育过程中，可以引进高繁殖率的种羊，开展级进杂交以提高低繁殖力品种的产羔性能。

第四节　绒山羊繁殖调控技术研究与应用

已知公羊2～4岁龄时配种能力最好，母羊在3～6岁龄时繁殖能力最强，母羊繁殖年限为8～10年。因此，优质种羊的使用年限是有限的。随着科学技术的不断发展，利用先进的分子、基因组和繁殖技术（如克隆、转基因、基因组编辑和微生物组基因组研究）为动物育种提供了改善生产和繁殖特性的新思路。常用家畜繁殖调控技术有同期发情、超数排卵、人工授精和胚胎移植等。这些技术并不相互孤立，单独使用，往往需要多个技术相互结合使用。因需求不同，结合使用方式也不同，因此在此将进行单独阐述（表4-1）。

表4-1　繁殖调控常用激素及其作用和使用方法

激素名称	作用	使用
GnRH促性腺激素	促进FSH分泌，从而促进卵泡发育	在短期同期发情方案中，放栓前注射GnRH 可以启动一个卵泡发育波，使多个卵泡在短期内生长发育，至撤栓时卵泡达到排卵卵泡大小，孕酮浓度的突然降低促进卵泡成熟排卵，可以提高多胎率
FSH 垂体促卵泡素	促进卵泡向成熟发育	半衰期短，110～300 min，需要多次使用，效果好、副作用小，可以使用长效重组FSH（rFSH）代替其使用；FSH 缓释剂包括氢氧化铝凝胶溶液（Al-gel）、透明质酸溶液（Hyaluronan，HA）和聚乙烯吡咯烷酮溶液（Polyvinylpyrrolidone，PVP）等；FSH 在同期发情方案中较少使用，胚胎移植时因需要大量胚胎，常使用该激素进行超数排卵
hCG/ eCG（PMSG）人/ 马绒毛膜促性腺激素	促卵泡发育和成熟，黄体生成及雌激素和孕激素的分泌。具有FSH和LH双重作用	PMSG 的使用剂量一般选择在300～500 IU；注射PMSG时尤其在短期同期发情方案撤栓后，若体内孕酮水平较高会导致排卵受阻，严重者可发展成卵巢囊肿。因此，使用PMSG 时存在一定的风险，若配合使用 PG 类激素在一定程度上可降低此类风险；周血中高雌二醇E2水平，使发育中的胚胎质量下降，并能使黄体早期退化，从而使胚胎回收率下降；hCG与LH类似，可促进排卵和黄体生成，因此可替代LH用于促进超排动物排卵，且价格较LH低廉。常用剂量为：羊1000～1500 IU

续表

激素名称	作用	使用
E2 雌二醇	拮抗FSH，促进LH分泌，促进发情	
LH 促黄体生成素	促进排卵及黄体的生成	
P4 孕酮（黄体酮）	可通过丘脑下部或垂体前叶的负反馈作用，抑制 FSH 和LH的释放，并维持黄体和妊娠	类似物有：MAP（甲羟孕酮）、FGA（氟孕酮）、LNG（炔诺酮）；MA（甲地孕酮）、CAP（绿地孕酮）；由于口服孕酮效果不理想，因此通常阴道内使用孕酮海绵栓（Controlled Internal Drug Release，CIDR）、FGA氟孕酮（Norgestrel Releasing Intra-Vaginal Device，PRID）；在撤栓前 24 h时补充 P4 可以使卵巢上的大卵泡发生闭锁以解除优势卵泡的抑制作用，卵巢重新招募新的卵泡生长发育至成熟排卵，在一定程度上可以提高排卵率和怀孕率
PGF2a 前列腺素	溶解黄体（LC），促进下一次排卵周期的开始	可在肝脏中快速降解；可单独用于同期发情处理，当用作辅助激素时也能有效提高发情的同步率，肌内注射时间一般选在撤栓时和撤栓前1 d，以撤栓时注射较多。在繁殖季节只用PG 作为辅助激素，便可达到很好的同期发情效果
OT 催产素	促进PG分泌，从而促进黄体溶解	
ICT 三合激素 MSVR 甲硅环	抑制垂体前叶分泌LH，抑制发情和排卵	

一、同期发情

同期发情可通过缩短母畜黄体或延长黄体期两种方式实现。缩短黄体期是通过注射一种激素（如PG），加速溶解黄体，从而使不同时期的黄体同时溶解，从而实现母畜同期发情。延长黄体期则是使用抑制卵泡生长、成熟的激素（如孕激素及类似物），使母畜卵巢同时停滞于黄体期，而药效过后卵巢机能恢复正常，从而引起母畜同时发情。由于使用的激素不同、品种不同、成本不同而可选的方案有很多。但报道较多的有PG法、CIDR法和孕激素法，其原理如（图4-1）所示。

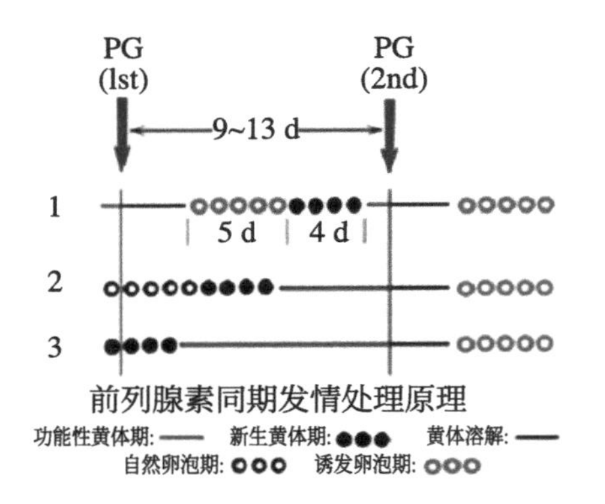

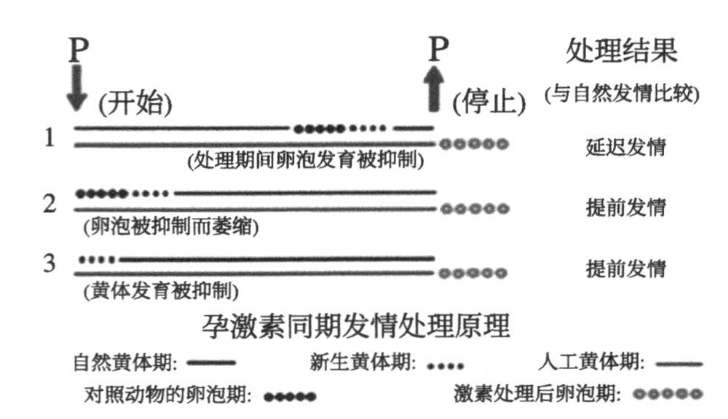

图4-1　同期发情原理

二、超数排卵

超数排卵是在母畜一个发情期内，注射外源促性腺激素，使卵巢比自然发情时有更多的卵泡发育并排卵的一种方法，简称“超排”。超数排卵技术结合人工授精技术可为胚胎移植提供大量胚胎来源。因此超排技术与同期发情技术区别在于，更多使用如FSH等促排卵激素，以使卵巢释放更多成熟卵子。目前较为广泛使用的超排方法有基于FSH超排方法和基于PMSG的方法。

试验羊埋置CIDR栓，埋栓后第11 d开始注射FSH，时间剂量见表4-2，总剂量为150 IU/ 只，第13 d注射第5针FSH时同时取出CIDR栓，受体羊注射250 IU PMSG，注射第6针FSH前供体羊前先试情，若发情不注射第6针FSH，直接注射120 IU LH后进行人工授精，若不发情注射第6针FSH，第14 d早晨进行试情，若发情注射120 IU LH后进行人工授精。人工授精72 h后进行手术采集受精卵并进行移植（表4-2，图4-2）。

表4-2　多胎绒山羊超数排卵FSH的用法及用量　　单位：IU

时间	第11 d		第12 d		第13 d	
	上午6:30	下午6:30	上午6:30	下午6:30	上午6:30	下午6:30
用量	30	30	25	25	20	20

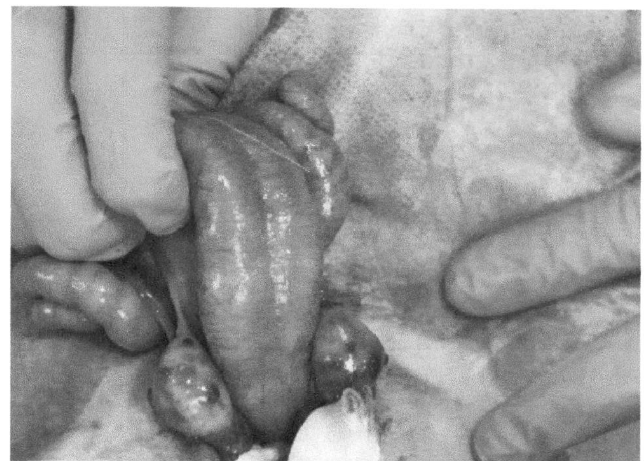

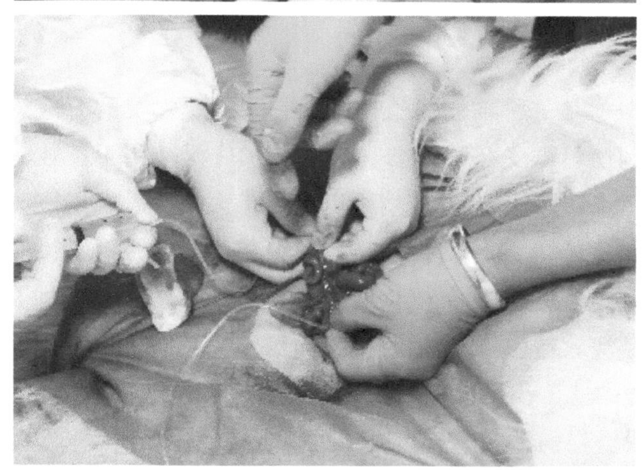

图4-2　多胎绒山羊超数排卵

胚胎收集和质量检测： 输精后72 h手术法从子宫角冲胚，回收胚胎。在40倍体视显微镜下捡出胚胎，剔除未受精的卵，观察受精卵状态、色泽、大小、数量、饱满度以及发育期和发育阶段。

2020年5月多胎绒山羊供体超数排卵平均可用胚胎数为14.37枚，2020年12月多胎绒山羊超数排卵平均可用胚胎数为11.14枚，多胎绒山羊两次超数排卵平均可用胚胎数均达到11枚以上，详见表4-3。2020年5月得到的115枚可用胚胎采用胚胎冷冻仪进行冷冻。2020年12月得到的78枚可用胚胎，选择最优的30枚进行胚胎移植，其余的采用胚胎冷冻仪进行冷冻，胚胎移植效果见表4-4。

表4-3　供体羊回收胚胎数

时间	羊数/只	回收胚胎数/枚	可用胚胎数/枚	平均可用胚胎数/枚	备注
2020年5月	8	142	115	14.37	2只未发情
2020年12月	7	117	78	11.14	均为5月超排羊，1只未发情

表4-4　受体羊妊娠及产羔情况

时间	羊数/只	妊娠母羊数/只	妊娠率/%	产羔数/只	产羔率/%
2020年12月	30	19	63.33	18	60.00

三、人工授精

人工授精（AI）是一种辅助生殖技术，它采用非性交的方式将精子递送到母畜生殖道中，以达到使母畜受孕的目的。这一技术广泛应用于畜牧业，具有多种应用优势。① 提高公畜利用率：人工授精可以显著扩大单头公畜的配种范围，从而发挥优秀公畜的遗传潜力；② 疾病防控：避免了公母畜直接接触，减少了疾病传播的风险，特别是生殖道传染病的传播；③ 成本效益：减少了公畜的饲养头数，降低了饲养成本，提高了经济效益；④ 遗传改良：便于选择具有优良遗传特性的公畜进行配种，从而加快品种的遗传改良进程。因此，动物人工授精技术是现代畜牧业中不可或缺的重要繁殖手段。目前绒山羊进行人工授精主要使用新鲜、低温保存精液（5 ℃）和冻精技术。

1. 绒山羊精液稀释液配方筛选与优化研究

精液的稀释是人工授精的一个重要技术环节，原精经过稀释后，可大幅增加授精母羊的数量，提高种公羊的利用率。所以，拥有良好的精液稀释液就显得尤为重要。试验初期所采用的4种配种常用精液稀释液配方A1～A4来源于种羊场常用配方，其配方成分见表4-5。

表4-5　生产上常用的4种精液稀释液配方

配方成分	稀释液			
	A1	**A2**	A3	A4
葡萄糖/g	3.00	**3.00**	0.83	
D-果糖/g				1.42
柠檬酸钠/g	1.40	**1.40**	2.35	
柠檬酸/g				1.20
EDTA/g		**0.10**		
Tris/g				3.50
青霉素/万U		**10**	10	10
链霉素/万U		**10**	10	10
卵黄/mL		**10**	15	
蒸馏水/mL	100	**100**	85	100

对精液保存效果的差异，筛选出保存效果较好的稀释液配方A2（图4-3）并进行改进，通过筛选不同pH值（表4-6，图4-4）及不同蔗糖浓度（表4-7，图4-5）的精液稀释液对精子活力的影响，以得到对精液效果最好的稀释液，为稀释液对精液的保存效果提供可靠保证。

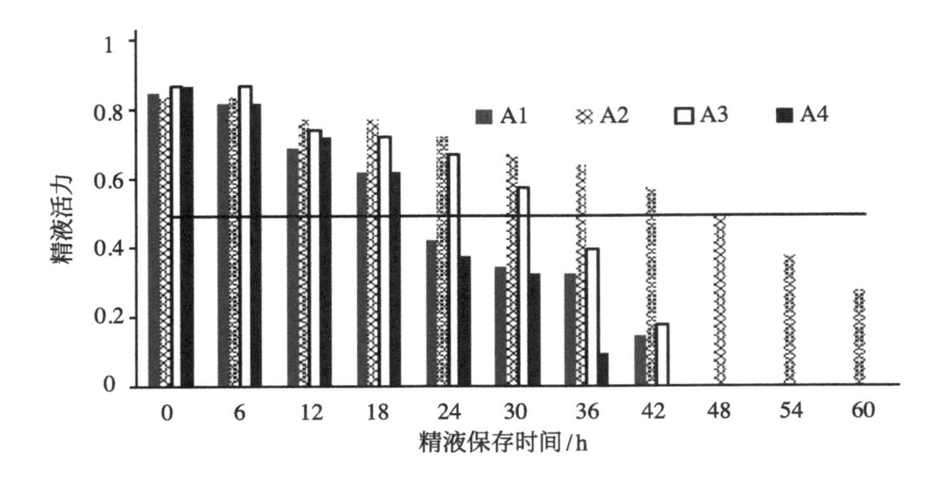

图4-3　不同稀释液对精子活力的影响

在精液稀释液配方A2的基础上，调整稀释液pH（EDTA）筛选结果见表4-6和图4-4，在36 h之前B1～B3精液活力均大于50%，在整个试验时间段B3的精液活力均比B1、B2高，虽然66 h三组之间差异不显著，但是其活力已经低于0.3。

表4-6　不同pH的精液稀释液配方

配方成分	稀释液		
	B1	B2	B3
葡萄糖/g	3.00	3.00	3.00
柠檬酸钠/g	1.40	1.40	1.40
EDTA/g	0.08	0.10	0.12
青霉素/万U	10	10	10
链霉素/万U	10	10	10
卵黄/mL	10	10	10
蒸馏水/mL	100	100	100

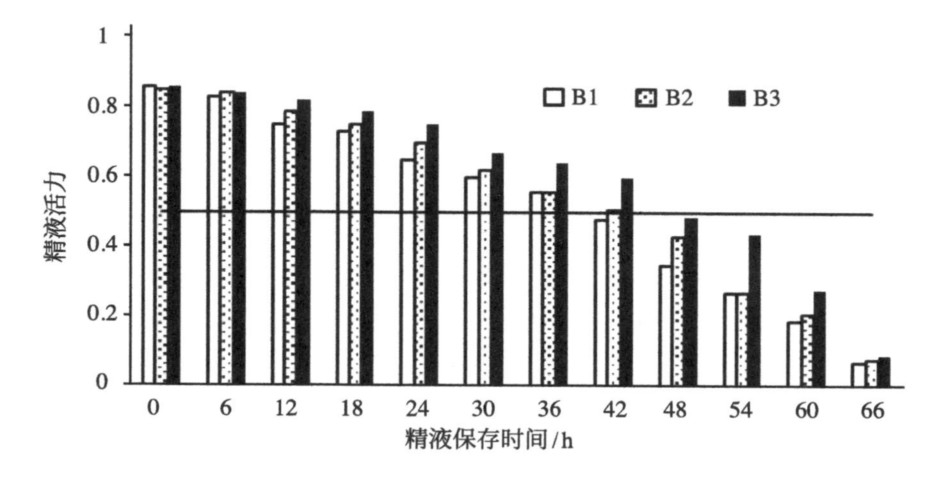

图4-4 不同pH对精子活力的影响

在精液稀释液B3的基础上，经过进一步调整稀释液蔗糖的浓度从表4-7和图4-5可以看出，精液保存72 h时配方C2和C3的精液活力仍达到50%。

表4-7 改进后的精液稀释液配方

配方成分	稀释液		
	C1	C2	C3
葡萄糖/g	3.00	3.00	3.00
柠檬酸钠/g	1.40	1.40	1.40
EDTA/g	0.12	0.12	0.12
蔗糖/g	0.6	1.2	1.8
青霉素/万U	10	10	10
链霉素/万U	10	10	10
卵黄/mL	10	10	10
蒸馏水/mL	100	100	100

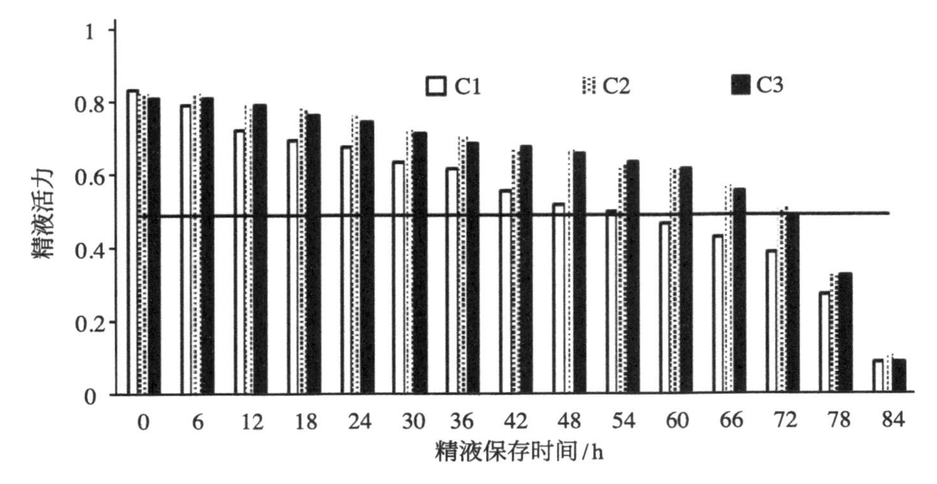

图4-5　改进后的精液稀释液对精子活力的影响

本试验结果表明，绒山羊精液稀释液的最优配方为：葡萄糖3.00 g、柠檬酸钠1.40 g、EDTA 0.12 g、蔗糖1.8 g、青霉素10万U、链霉素10万U，卵黄10 mL，蒸馏水至100 mL。从试验效果来看，已经起到了改进常规精液稀释液的目的，这将有利于牧区绒山羊的人工授精及种公羊的利用率，对于较远距离羊场之间精液的运输和人工授精提供了可靠保障。

2. 绒山羊冷冻精液制作及冷冻稀释液筛选

绒山羊精液冷冻和人工授精具有较高的经济和生物学价值，国家和自治区也大力支持进行绒山羊冷冻精液保存的研究。然而，精液长时间保存、离心、冻融等处理过程会诱导生成过氧化物，对精子的质膜、蛋白质和DNA造成不同程度的损伤，最终导致精子死亡。另外，精子质膜多种不饱和脂肪酸含量较高，容易受到脂质过氧化的影响。因此，我们做了大量工作来提高绒山羊精子在超低温条件下的活力。

试验动物选择及饲养管理：采精种公羊的选择及饲养管理：选择3～5岁、体况健康的种公羊进行精液采集。种公羊入选标准为生殖系统发育正常，精液品质良好。试验期间种公羊每天采精1～2次。

鲜精评估：选择乳白色或淡黄色精液，体积大于0.8 mL，活力≥65%，密度≥6×10^8个/mL，畸形率≤15%。

精液稀释：将合格精液与稀释液按照1∶（4～8）的体积分装，并将稀释液的1/4缓慢加入合格精液中，混合均匀；然后，同温放置5 min后，将剩下3/4的稀释液加入稀释后的精液中，混匀。

细管精液分装：用0.25 mL冻精细管在室温环境下进行分装，分装的精液量≥0.2 mL，然后用封口粉将无海绵塞一端封口。

降温平衡：将分装后的冻精细管用8层纱布包裹平放入冰箱中（避光），逐渐降温至4～5 ℃，并在此环境下继续平衡3 h。

液氮熏蒸：将液氮注入液氮熏蒸盒，冻精细管平铺在网面上，距离液氮面4 cm处熏蒸8 min，熏蒸结束后迅速将细管移入液氮中，收集于塑料管与纱布袋中，做好标记，投入液氮罐中保存。

利用大豆卵磷脂代替蛋黄作为精液冷冻稀释液中的主要防冻剂（表4-8），用于保护精子免受冷休克，冷冻效果见图4-6。本研究的主要目的是获得合适的大豆卵磷脂浓度，以代替冷冻绒山羊精液所用的蛋黄。

本试验结果表明，绒山羊冷冻稀释液的最优配方为Ⅰ液：柠檬酸1.6 g，三羟甲基氨基甲烷4.6 g，果糖1.3 g溶于100 mL蒸馏水；Ⅱ液：Ⅰ液（容量）95%，大豆卵磷脂1.5 g，甘油（容量）5%，青霉素1000 IU/ mL，链霉素1000 IU/ mL。

表4-8　不同冷冻稀释液的组成

稀释液	大豆卵磷脂/（g/ L）	蛋黄	pH
SL0.5%	5	—	6.8～7.0
SL1%	10	—	6.8～7.0
SL1.5%	15	—	6.8～7.0
SL2%	20	—	6.8～7.0
SL2.5%	25	—	6.8～7.0
对照-EY	—	20	6.8～7.0

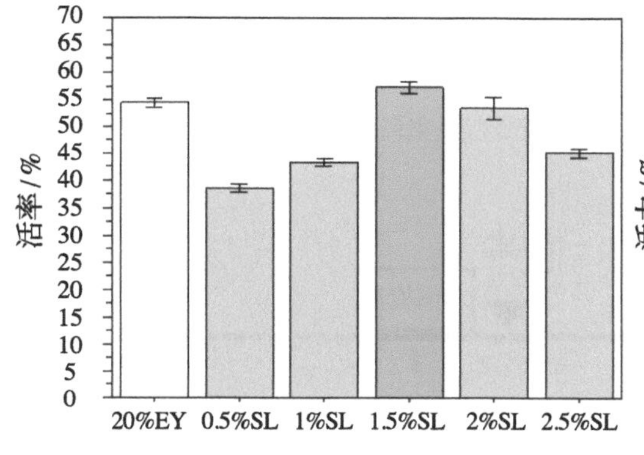

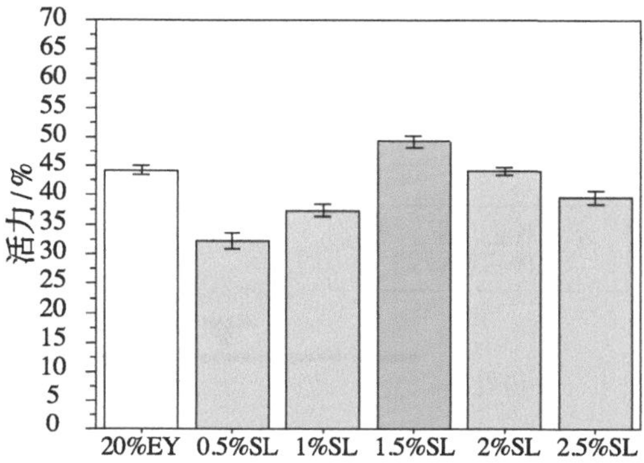

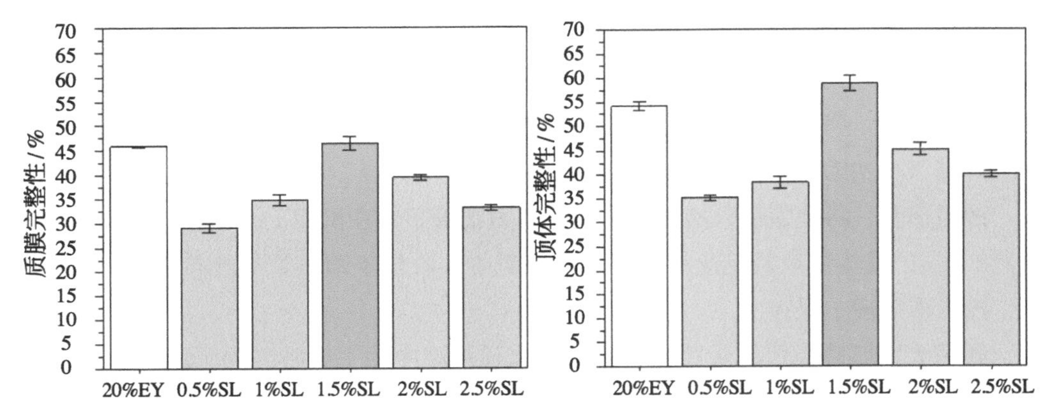

图4-6　不同冷冻稀释液效果

四、胚胎移植

胚胎移植是利用超数排卵技术、体外受精技术等获得早期胚胎，并在同期发情等技术的辅助下将早期胚胎移植到受体母畜子宫内技术。制备胚胎时可以使卵母细胞在体内受精或在体外受精，且只应考虑1级和2级优质胚胎（囊胚）用于移植。通常，正常母羊一生中最多产生6～12个后代，但通过胚胎移植，可产生5倍数目的子代。由于山羊能够提供更多的可存活胚胎，因此，山羊中的ET应用是非常普遍的。ET可以通过剖腹手术（外科手术）、腹腔镜手术和经宫颈手术实现。通常2～8细胞胚胎移植到输卵管伞部（即移卵管由喇叭口插入2～3cm），桑椹胚和囊胚移植到受体有黄体一侧子宫角的上1/ 3～1/ 2处。胚胎移植对操作者的技术及设备要求很高，因此通常由专业人士完成，其原理如图4-7所示。

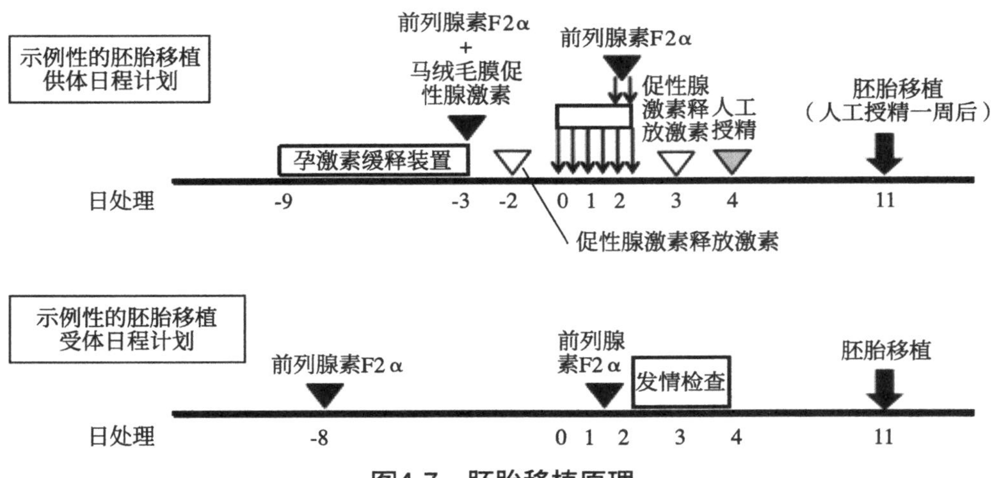

图4-7　胚胎移植原理

五、其他生殖调控技术

除了上述人工干预繁殖技术外，可以充分利用环境因素和信息素规律诱导提升家畜的繁殖行为。光照方案和/或褪黑激素治疗已有效诱导雌性发情，并增加雄性睾丸大小和性活动。典型的光照处理方案是在繁殖前将动物暴露在长时间光照（每天16 h）下8～12周，然后在短时间光照（每天8 h）下8～12周。长光照暴露很重要，因为它增加了对短光照的敏感性。若长日照与皮下褪黑激素植入物相结合，以取代短光照暴露时与单独的光照治疗相比，生育能力更能得到提高。此外，与传统的季节实践（1∶30）相比，使用更高的公羊与母羊比例（1∶18）可以提高怀孕率。在将公羊放入母羊群之前，生育力测试和观察性欲是最佳的管理实践。与雄性接触后2～3 d，雌性往往会经历“静热期”，即没有任何发情迹象，随后是短暂的发情期，称为“短周期”。第二次排卵事件发生在静热期后1～2周，通常比第一次更容易生育。

第五章　绒山羊营养需求与补饲

第一节　内蒙古绒山羊营养研究进展

反刍动物有四个胃室，分别为瘤胃、网胃、瓣胃和皱胃。瘤胃中拥有各种各样的共生微生物群，主要由细菌、古生菌、纤毛虫和真菌组成。这些瘤胃微生物可以降解复杂的植物纤维和多糖，并产生挥发性脂肪酸（VFA）、微生物蛋白质和维生素，这些物质提供营养以满足反刍动物维持和生长的需要。营养素的供给量与动物的生理和生产需求相适应，饲料的利用率才能最高。其中能量-蛋白平衡、氨基酸平衡和钙-磷平衡最重要（图5-1）。

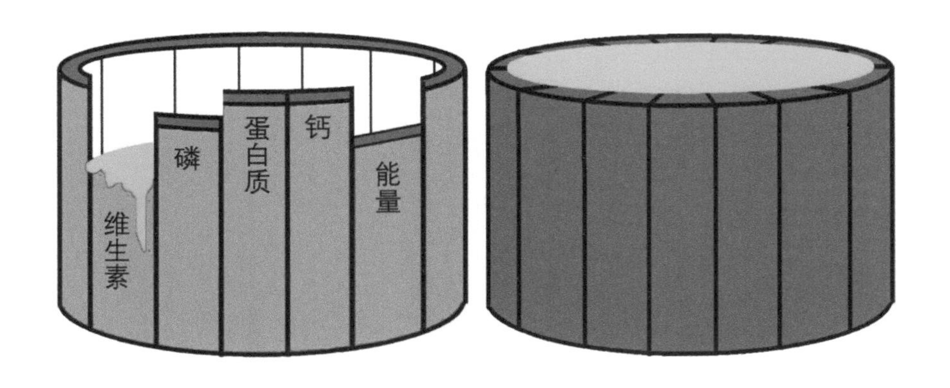

图5-1　绒山羊平衡日粮原理

一、能量需要量

能量是动物维持生命、生长发育和生产畜产品的第一要素，因此，为动物提供的日粮中必须含有适宜的能量，以满足动物对于维持正常的生命活动和生产的能量需求。研究表明，要确保营养物质能正常发挥各自生理作用的前提是日粮中的能量能够满足动物的需要。动物的能量需要量常通过有效能来表示，而能量体系的研究与应用，按照其反映动物需要量的准确度，经历了从总能体系到消化能和代谢能体系，再到更加准确表示能量需要量的净能体系。对于反刍动物而言，各国主要采用净能和代谢能两大体系来进行饲料能量价值评定和能量需要量的研究。饲料能量在

家畜体内的转化过程见图5-2，总能是指饲料中有机物质完全氧化燃烧生成CO_2、H_2O和其他氧化物时释放的全部能量；消化能是饲料可消化养分所含的能量，即动物摄入饲料的总能与粪能之差；代谢能指饲料消化能减去尿能及消化道排放甲烷的能量后剩余的能量。净能是饲料中用于动物维持生命和生产畜产品的能量，即饲料的代谢能减去饲料在体内的热增耗后剩余的那部分能量。

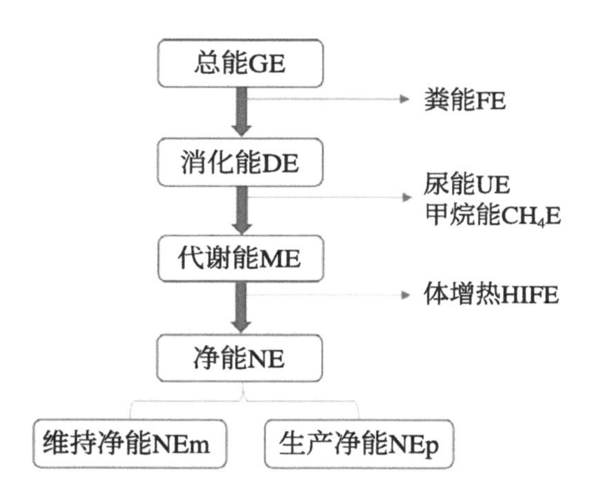

图5-2　饲料能量在家畜体内的转化过程

张晓东等（2022）探讨了日粮类型对内蒙古绒山羊能量代谢的影响，结果表明：不论粗饲料是苜蓿还是玉米秸秆，补饲精料明显增加了总能摄入量、粪能、尿能，减少了甲烷能。在不补饲的条件下，苜蓿组甲烷能极显著低于玉米秸秆组（$P<0.01$），低28.91%。粗饲料为苜蓿组的消化能、代谢能高于玉米秸秆的组，不补饲精料情况下，消化能高28.92%，代谢能高39.37%，差异显著（$P<0.05$），补饲精料情况下，差异不显著（$P>0.05$）。不论是否补饲精料，粗饲料为苜蓿组的总能消化率、总能代谢率均高于粗饲料为玉米秸秆组（$P<0.05$）。补饲精料可提高绒山羊总能摄入量、消化能、代谢能，降低了甲烷能。粗饲料为苜蓿时，绒山羊消化能、代谢能、总能消化率、总能代谢率均高于粗饲料为玉米秸秆组。李康等（2017）通过为内蒙古白绒山羊妊娠后期母羊提供不同代谢能水平的日粮，研究母羊妊娠后期日粮能量水平对初生羔羊发育状况的影响，以及日粮不同能量水平条件下妊娠母羊对养分的表观消化率。结果表明：母羊妊娠后期高能日粮和低能日粮对羔羊初生重影响显著，母羊妊娠后期高代谢能（14.3 MJ / kg）可以有效增加羔羊体尺；日粮代谢能水平会显著影响母羊妊娠后期的体增重。本试验中，日粮代谢能水

平为14.3 MJ/kg时，内蒙古白绒山羊母羊妊娠后期体增重最大；高的日粮代谢能水平（14.3 MJ/kg）会增加内蒙古白绒山羊妊娠后期母羊日粮营养物质的表观消化率，尤其是粗蛋白表观消化率。

二、蛋白质需要量

蛋白质是家畜维持生命、生长、繁殖不可缺少的营养物质。日粮中缺乏蛋白质会使羔羊生长受阻，成年羊机体消瘦，母羊泌乳量下降等。反之日粮蛋白质过多，不仅造成浪费，同时排出过多的蛋白质代谢产物而加重肝、肾的负担，易引起酸中毒。和单胃动物相比，反刍动物有特殊的消化道结构及消化生理。它有复胃结构，即瘤胃、网胃、瓣胃和皱胃，其中造成和单胃动物主要差别的是瘤胃。饲料粗蛋白进入瘤胃后被分为瘤胃非降解饲料蛋白质（UDP）和饲料降解蛋白（RDP）两部分，瘤胃微生物可以利用RDP合成微生物蛋白（MCP）；UDP、MCP和内源蛋白三部分流入小肠，组成小肠代谢蛋白（MP），MP在小肠被消化吸收后，为动物提供氨基酸。

甄玉国等（2004）进行了内蒙古白绒山羊氨基酸利用和蛋白质周转规律的研究，发现山羊绒和山羊毛纤维中各种氨基酸的组成和肌肉组织明显不同。绒毛纤维的生长需要更多的含硫氨基酸，而肌肉生长需要较多的赖氨酸和组氨酸。山羊绒和粗毛在氨基酸的需要上也存在着一定的差异。瘤胃微生物蛋白的氨基酸组成不平衡。在基础日粮条件下，氨基酸的平均消化率为76%左右，含硫氨基酸（Met+Cys）的十二指肠流通量约为20 mmol/d，其消化率仅为60%左右。在基础日粮条件下，十二指肠食糜氨基酸不平衡，组氨酸和精氨酸缺乏，可能是限制含硫氨基酸消化利用的主要原因。樊艳华等（2015）探讨了不同日粮氮水平对内蒙古白绒山羊氮代谢和微生物蛋白质合成（MCP）的影响，日粮分为低氮7.5%、中氮10.5%、高氮13.5%3个氮水平，随着氮水平增加，氨氮（NH_3-N）浓度、氮摄入量、尿氮排出、尿中尿素氮（UUN）和MCP显著增加（$P<0.05$），干物质采食量显著降低（$P<0.01$）；沉积氮占总摄入氮的比例在中氮组（10.5%）最高，MCP在高氮组（13.5%）最高。适当降低日粮氮水平可减少粪尿氮排放，提高反刍动物氮利用率。

三、维生素需要量

维生素是人和动物为维持正常的生理功能而必须从食物中获得的一类微量有机物质，在人体生长、代谢、发育过程中发挥着重要的作用。如果长期缺乏某种维生

素，就会引起生理机能障碍而发生某种疾病。已知许多维生素是酶的辅酶或者是辅酶的组成分子。因此，维生素是维持和调节机体正常代谢的重要物质。维生素分为脂溶性（维生素A、维生素D、维生素E、维生素K等）和水溶性（B族维生素、维生素C等）。

1. 维生素 A

维生素A有促进生长、繁殖，维持骨骼、上皮组织、视力和黏膜上皮正常分泌等多种生理功能。缺乏时表现羊食欲减退、采食量下降，生长迟缓、暗适应能力减退而形成夜盲症，公羊性机能减退，精液品质下降，母羊受胎率下降。胡萝卜素在小肠黏膜内可变为维生素A，胡萝卜、豆科牧草、青绿饲料中胡萝卜素含量较多。郭富强（2019）在内蒙古绒山羊种公羊基础日粮中补饲250 g / d胡萝卜与对照组相比显著降低了种公羊血清MDA含量。

2. 维生素 D

维生素D可经阳光照射由皮肤合成，以维生素D_2和维生素D_3两种形式存在。后者是由前者转化而来，当维生素被动物采食经消化道到达小肠内被吸收，进入肝脏经羟化酶催化后转化成1,25-（OH）-D_3，再由肾细胞线粒体系统的催化，转化成具有活性的1,25-（OH）$_2$-D_3，储存在动物的肝脏、肾脏等组织器官内。维生素D最主要的生理作用就是在动物体钙、磷吸收过程中具有决定性的调节作用，其主要的调节器官为小肠、肾脏和骨骼，能够促进小肠内钙、磷的吸收，调节肾脏钙的重吸收，并能调节骨中钙、磷的沉积和溶解。当动物机体缺乏维生素D时，给动物饲喂含钙、磷成分高的日粮时，钙、磷的吸收仍然甚微。在这种情况下，动物机体很容易因日粮中钙、磷含量的不足或者比例不当而引起一些骨骼代谢性疾病。

3. 维生素 E

维生素E属于脂溶性维生素，又名生育酚，具有抗氧化、增强免疫、保护含硒蛋白、清除自由基、参与线粒体电子链传递等活性功能。维生素E首先在小肠黏膜细胞中与脂肪酸结合成酯，变成乳糜微粒，然后通过淋巴转运，在肝脏中被摄取和贮存。当机体需要时，又从肝脏被释放出来，与β-脂蛋白结合运输，供给器官和组织，主要通过粪便排泄。维生素E具有与硒相似的生物学功能，主要体现在提高抗氧化功能、免疫功能、促进生长发育和提高生产繁殖性能等。郭富强（2019）在内蒙古绒山羊种公羊基础日粮中补饲250 mg/d维生素 E 与对照组相比显著提高了种公羊血清抗氧化性能。

4. B 族维生素

B族维生素包括维生素B_1（硫胺素）、维生素B_2（核黄素）、维生素B_6（吡哆醇、吡哆胺）、维生素B_{12}（钴胺素）、烟酸、泛酸、叶酸、生物素和胆碱。B族维生素主要作为辅酶，催化碳水化合物、脂肪和蛋白质代谢中的各种反应。长期缺乏和不足，可引起代谢紊乱和体内酶活力降低。长期以来，人们一直认为成年牛羊的瘤胃机能正常时，瘤胃微生物能合成足够其所需的B族维生素，一般不需日粮提供。然而，近年来一些研究表明，在某些情况下（应激、生长期、妊娠和泌乳期）反刍动物日粮中需要添加B族维生素。羔羊由于瘤胃发育不完善，机能不全，不能合成足够的B族维生素，尤其硫胺素、核黄素、吡哆醇、泛酸、生物素、烟酸和胆碱等是羔羊易缺乏的维生素。因此，在羔羊料中应注意添加。

四、矿质元素需要量

矿质元素是羊体组织细胞、骨骼及体液的重要组成成分。羊的正常营养需要很多种矿物质。体内缺乏矿质元素会导致神经、肌肉、消化、血液、体内酸碱平衡等各系统功能紊乱。研究表明：羊体内有多种矿质元素，其中常量元素包括钠、氯、钙、磷、镁、钾、硫7种，还包括碘、铁、钼、铜、钴、锰、锌和硒8种微量元素。矿质元素在动物体内有不可替代的作用，但是既要防止缺乏，更要避免用量过大造成中毒。因此，科学平衡好绒山羊各种矿质元素的需要量十分关键。在各矿质元素中钙、磷的作用在动物妊娠期及泌乳期是比较大的。在母羊繁殖过程中，钙离子参与黄体孕酮的合成，也是卵母细胞成熟所必需的离子，缺少钙离子可导致绒山羊骨骼软化和骨质疏松，繁殖力下降。妊娠母羊缺钙可导致胎儿发育受阻甚至出现死胎并引起产后瘫痪。缺磷可导致母羊生产力下降，受精率低，泌乳期短等症状。硫是绒山羊必需矿物质元素之一。羊绒纤维的主要成分是角蛋白，角蛋白中含硫量比较集中，达到2.7%～5.4%，大部分以胱氨酸形式存在，少部分以半胱氨酸和蛋氨酸形式存在。此外，硫还参与氨基酸、维生素和激素的代谢，对结缔组织的构成、血液抗凝及肝脏的解毒具有重要作用，并具有促进瘤胃微生物生长的作用。缺硫则出现食欲减退、生长缓慢、毛品质下降、体质虚弱甚至死亡。常见牧草和一般饲料中硫含量较低。因此，硫成为绒山羊纤维生长的主要限制因素。

第二节　内蒙古绒山羊营养需要

营养需要量是指动物在维持正常生理活动、机体健康和达到特定生产性能时对营养素需要的最低数量。不同类型绒山羊营养需要量见表5-1至表5-8（参考中华人民共和国农业行业标准《绒山羊营养需要量》NY/T 4048—2021）。

表5-1　绒山羊育成期每日能量、蛋白质、钙和磷需要量

体重/kg	干物质采食量/(kg/d)	消化能/(MJ/d)	代谢能/(MJ/d)	净能/(MJ/d)
15	0.50~0.72	6.09~8.74	4.99~7.17	2.78~3.56
20	0.73~1.00	7.15~9.80	5.86~8.04	3.34~4.12
25	0.83~1.11	8.14~10.79	6.68~8.85	3.86~4.64
30	0.93~1.20	9.09~11.74	7.45~9.63	4.35~5.13

体重/kg	粗蛋白/(g/d)	可消化粗蛋白/(g/d)	钙/(g/d)	磷/(g/d)
15	48.08~78.99	29.45~47.96	2.03~3.52	1.10~1.90
20	54.87~85.78	33.67~52.18	2.39~3.95	1.41~2.28
25	61.25~92.16	37.63~56.14	2.55~4.12	1.55~2.43
30	67.31~98.22	41.40~59.91	2.70~4.26	1.68~2.55

资料来源：中华人民共和国农业行业标准《绒山羊营养需要量》NY/T 4048—2021。

表5-2　绒山羊母羊空怀期每日能量、蛋白质、钙和磷需要量

体重/kg	干物质采食量/(kg/d)	消化能/(MJ/d)	代谢能/(MJ/d)	净能/(MJ/d)	粗蛋白/(g/d)	可消化粗蛋白/(g/d)	钙/(g/d)	磷/(g/d)
30	0.89~1.05	8.64~10.28	7.08~8.43	4.16~4.62	62.64~77.75	37.96~44.76	2.40~3.12	1.52~1.95
35	0.97~1.11	9.5~11.14	7.79~9.14	4.62~5.08	68.01~83.52	41.50~50.81	2.54~3.26	1.64~2.07
40	1.06~1.23	10.32~11.97	8.47~9.82	5.05~5.51	73.57~89.08	44.91~54.22	2.67~3.39	1.76~2.19
45	1.17~1.34	11.41~13.07	9.35~10.71	5.52~5.98	83.07~98.72	50.72~60.11	2.85~3.57	1.91~2.34
50	1.25~1.42	12.19~13.85	9.99~11.35	5.93~6.39	98.32~103.92	53.94~63.33	2.97~3.69	2.02~2.45
55	1.33~1.50	12.95~14.61	10.62~11.98	6.33~6.79	93.18~109.08	57.07~66.46	3.09~3.81	2.12~2.55

资料来源：中华人民共和国农业行业标准《绒山羊营养需要量》NY/T 4048—2021。

表5-3　绒山羊母羊妊娠前期每日能量、蛋白质、钙和磷需要量

体重/kg	干物质采食量/(kg/d)	消化能/(MJ/d)	代谢能/(MJ/d)	净能/(MJ/d)	粗蛋白/(g/d)	可消化粗蛋白/(g/d)	钙/(g/d)	磷/(g/d)
30	1.01~1.07	9.86~10.48	8.09~8.60	4.02~4.09	85.93~94.75	52.56~57.95	2.92~3.14	2.02~2.19
35	1.10~1.16	10.72~11.34	8.79~9.30	4.47~4.55	91.69~100.51	56.10~61.48	3.06~3.28	2.14~2.31
40	1.22~1.28	11.89~12.51	9.75~10.26	4.95~5.02	101.97~110.78	62.38~67.76	3.37~3.59	2.38~2.55
45	1.33~1.39	12.97~13.60	10.64~11.15	5.41~5.49	111.47~120.43	68.20~73.66	3.54~3.76	2.53~2.70
50	1.44~1.51	14.09~14.72	11.55~12.07	5.86~5.94	121.42~130.38	74.28~79.75	3.84~4.06	2.77~2.94
55	1.52~1.59	14.85~15.48	12.18~12.70	6.26~6.34	126.53~135.49	77.42~82.88	3.96~4.18	2.88~3.04

资料来源：中华人民共和国农业行业标准《绒山羊营养需要量》NY/T 4048—2021。

表5-4　绒山羊母羊妊娠后期每日能量、蛋白质、钙和磷需要量

体重/kg	干物质采食量/(kg/d)	消化能/(MJ/d)	代谢能/(MJ/d)	净能/(MJ/d)	粗蛋白/(g/d)	可消化粗蛋白/(g/d)	钙/(g/d)	磷/(g/d)
30	1.12~1.22	1.90~11.86	8.94~9.73	4.13~4.24	98.46~111.34	60.20~68.70	3.51~3.84	2.16~2.37
35	1.21~1.30	11.76~12.72	9.64~10.43	4.58~4.70	104.22~117.11	63.74~71.60	3.64~3.98	2.28~2.49
40	1.36~1.46	13.27~14.23	10.88~11.67	5.09~5.21	118.56~131.45	72.50~80.37	4.07~4.41	2.57~2.78
45	1.47~1.57	14.35~15.33	11.77~12.57	5.56~5.67	128.06~141.09	78.32~86.26	4.24~4.58	2.72~2.93
50	1.62~1.72	15.81~16.79	12.97~13.77	6.04~6.16	142.08~155.11	86.89~94.83	4.66~5.00	3.00~3.21
55	1.70~1.80	16.57~17.55	13.59~14.39	6.45~6.56	147.19~160.22	90.02~97.96	4.78~5.12	3.10~3.32

资料来源：中华人民共和国农业行业标准《绒山羊营养需要量》NY/T 4048—2021。

表5-5　绒山羊母羊哺乳期每日能量、蛋白质、钙和磷需要量

体重/kg	干物质采食量/(kg/d)	消化能(MJ/d)	代谢能/(MJ/d)	净能/(MJ/d)	粗蛋白/(g/d)	可消化粗蛋白/(g/d)	钙/(g/d)	磷/(g/d)
30	0.98~1.15	9.61~16.89	7.88~13.85	4.86~7.83	83.54~185.76	54.56~127.27	2.94~5.73	1.92~3.53
35	1.07~1.21	10.46~17.75	8.58~14.55	5.33~8.31	89.31~191.52	58.10~130.81	3.08~5.82	2.04~3.61
40	1.16~1.27	11.29~18.58	9.26~15.23	5.79~8.76	91.87~192.08	61.51~131.22	3.21~5.88	2.15~3.69
45	1.27~1.61	12.38~19.67	10.15~16.13	6.27~9.24	101.37~206.72	67.32~140.11	3.39~6.44	2.30~4.15
50	1.35~1.68	13.16~20.45	10.79~16.77	6.70~9.67	109.62~211.97	70.54~143.33	3.51~6.54	2.41~4.24
55	1.43~1.74	13.92~21.21	11.41~17.39	7.11~10.09	114.73~217.08	73.67~146.46	3.63~6.64	2.52~4.33

资料来源：中华人民共和国农业行业标准《绒山羊营养需要量》NY/T 4048—2021。

表5-6　绒山羊种公羊非配种期每日能量、蛋白质、钙和磷需要量

体重/kg	干物质采食量/(kg/d)	消化能/(MJ/d)	代谢能/(MJ/d)	净能/(MJ/d)	粗蛋白/(g/d)	可消化粗 蛋白/(g/d)	钙/(g/d)	磷/(g/d)
30	0.98~1.21	9.60~11.78	7.87~9.66	4.78~5.40	81.19~102.66	47.32~65.23	2.33~3.13	1.56~2.06
40	1.19~1.41	11.62~11.80	9.53~11.32	5.85~6.47	97.73~119.20	56.30~74.21	2.65~3.46	1.84~2.34
50	1.41~1.64	13.79~15.99	11.31~13.11	6.89~7.51	117.37~138.93	67.25~85.24	3.00~3.81	2.14~2.64
60	1.60~1.82	15.59~17.79	12.79~14.59	7.85~8.47	132.11~153.75	75.26~93.25	3.29~4.09	2.39~2.89
70	1.81~2.03	17.61~19.79	14.44~16.23	8.80~9.42	150.55~172.24	85.31~103.58	3.61~4.41	2.67~3.17
80	1.98~2.20	19.28~21.46	15.84~17.60	9.69~10.31	161.22~183.91	92.96~111.00	3.88~4.68	2.90~3.40

资料来源：中华人民共和国农业行业标准《绒山羊营养需要量》NY/T 4048—2021。

表5-7　绒山羊种公羊配种期每日能量、蛋白质、钙和磷需要量

体重/kg	干物质采食量/(kg/d)	消化能/(MJ/d)	代谢能/(MJ/d)	净能/(MJ/d)	粗蛋白/(g/d)	可消化粗蛋白/(g/d)	钙/(g/d)	磷/(g/d)
30	0.93~1.15	11.30~16.90	9.27~13.86	6.17~9.56	94.34~142.12	56.82~92.95	2.01~2.37	1.38~1.69
40	1.14~1.42	13.96~20.84	11.43~17.09	7.64~11.85	110.89~158.67	65.89~102.02	2.35~2.79	1.67~2.05
50	1.70~1.72	16.74~24.83	13.72~20.36	9.06~14.03	130.53~178.45	76.92~113.13	3.21~3.24	2.42~2.45
60	1.94~1.96	19.11~28.34	15.67~23.24	10.38~16.07	145.30~193.22	85.02~121.23	3.59~3.62	2.75~2.78
70	2.19~2.22	21.68~31.99	17.78~26.23	11.68~18.07	163.71~211.71	95.38~131.64	3.97~4.03	3.08~3.13
80	2.41~2.45	23.87~35.24	19.58~28.90	12.90~19.95	177.37~225.37	102.87~139.13	4.32~4.38	3.39~3.44

资料来源：中华人民共和国农业行业标准《绒山羊营养需要量》NY/T 4048—2021。

表5-8　绒山羊每日矿物质、维生素需要量

类别	育成羊	母羊空怀期	母羊妊娠前期	母羊妊娠后期	母羊哺乳期	种公羊非配种期	种公羊配种期
钠/(g/d)	0.34~0.72	0.60~1.11	0.67~1.19	0.67~1.19	0.71~1.63	0.58~1.56	0.56~1.50
氯/(g/d)	0.45~0.93	0.85~1.56	0.90~1.63	0.90~1.63	1.24~3.16	0.84~2.24	0.83~2.20
钾/(g/d)	2.36~5.35	4.28~7.49	4.71~7.82	5.02~8.43	4.32~9.21	4.54~10.88	4.34~11.40
镁/(g/d)	0.32~0.69	0.57~1.04	0.60~1.08	0.60~1.08	0.74~1.80	0.55~1.46	0.53~1.40
硫/(g/d)	0.85~2.04	1.51~2.55	1.72~2.70	1.90~3.06	1.87~3.30	1.67~3.74	1.58~4.09
钴/(mg/d)	0.06~0.13	0.10~0.16	0.11~0.17	0.12~0.20	0.11~0.19	0.11~0.24	0.10~0.26
铜/(mg/d)	13.73~32.95	24.31~41.11	27.77~43.58	30.68~49.40	27.04~47.76	27.02~60.40	25.46~66.13
碘/(mg/d)	0.25~0.60	0.44~0.75	0.51~0.79	0.56~0.90	0.79~1.39	0.49~1.10	0.46~1.20
铁/(mg/d)	47.50~114.00	88.53~149.72	40.44~63.48	44.69~71.95	39.38~69.58	98.38~219.97	92.70~240.83
锰/(mg/d)	7.47~16.80	10.53~20.40	17.33~29.33	17.33~29.33	9.87~21.47	9.60~26.80	8.67~24.00
硒/(mg/d)	0.22~0.29	0.22~0.25	0.21~0.23	0.21~0.23	0.64~1.53	0.21~0.26	0.20~0.23
锌/(mg/d)	31.50~75.60	55.78~94.33	63.70~99.98	70.38~113.33	62.03~109.58	61.98~138.58	58.40~151.73
维生素A/(IU/d)	1554~3109	3109~5699	3109~5699	4505~8258	5297~9710	3109~8290	4505~12012
维生素E/(IU/d)	80~159	159~292	159~292	168~308	168~308	159~424	168~448

资料来源：中华人民共和国农业行业标准《绒山羊营养需要量》NY/T 4048—2021。

第三节 绒山羊的饲料及饲料配方

一、饲料原料

绒山羊常用饲料原料成分及营养价值见表5-9。

表5-9 绒山羊常用饲料原料成分及营养价值表（干物质基础）

中国饲料号	饲料名称	干物质/%	粗蛋白/%	可消化蛋白/%	脂肪/%	粗纤维/%	无氮浸出物/%	粗灰分/%
1-05-0001	苜蓿草粉(CP19%)	87	22	17	2.6	26.1	40.6	8.7
1-05-0002	苜蓿草粉(CP17%)	87	19.8	15	3	29.4	38.3	9.5
1-05-0003	苜蓿干草(初花期)	90	19	14.3	2.5	28	42.5	8
1-06-0006	玉米秸秆(成熟期)	80	5	1.8	1.3	35	51.7	7
1-06-0010	玉米芯	90	3		0.5	36	58.5	2
1-06-0013	向日葵壳	90	4	0.9	2.2	52	38.8	3
4-07-0007	玉米	88	10.7	6.9	3.5	1.4	80.8	1.4
4-08-0002	小麦麸	87	18	13.5	4.5	7.5	64.4	5.6
4-08-0008	玉米胚芽粕	90	23.1	18	2.2	7.2	60.9	6.6
4-13-0001	乳清粉	97.2	11.8	7.9	0.8	0.1	79	8.2
5-10-0005	棉籽粕	90	48.3	40.6	0.6	11.7	32.1	7.3
5-10-0010	菜籽粕	88	43.9	36.6	1.6	13.4	32.8	8.3
5-10-0013	大豆饼	89	47	39.4	6.5	5.4	34.5	6.6
5-11-0007	DDGS	89.2	30.8	24.9	11.3	7.4	44.7	5.7

续表

中国饲料号	饲料名称	中性洗涤纤维/%	酸性洗涤纤维/%	钙/%	磷/%	消化能/MJ/ kg	代谢能/MJ/ kg
1-05-0001	苜蓿草粉(CP19%)	42.2	28.7	1.61	0.59	12.16	9.98
1-05-0002	苜蓿草粉(CP17%)	44.8	32.9	1.75	0.25	11.64	9.55
1-05-0003	苜蓿干草(初花期)	45	35	1.41	0.26	12.07	9.9
1-06-0006	玉米秸秆(成熟期)	70	44	0.35	0.19	11.5	9.43
1-06-0010	玉米芯	88	39	0.12	0.04	12.72	10.43
1-06-0013	向日葵壳	73	63		0.11	10.08	8.27
4-07-0007	玉米	10.7	4	0.1	0.05	12.52	10.27
4-08-0002	小麦麸	42.5	14.9	0.13	0.37	10.6	8.69
4-08-0008	玉米胚芽粕	42.4	11.9	0.07	0.17	12.6	10.33
4-13-0001	乳清粉			0.64	0.53	13.95	11.44
5-10-0005	棉籽粕	31.6	21.6	0.31	0.29	11.22	8.39
5-10-0010	菜籽粕	23.5	19.1	0.74	0.28	10.6	8.1
5-10-0013	大豆饼	20.3	17.4	0.35	0.15	12.55	9.48
5-11-0007	DDGS	42.9	14	0.07	0.54	13.06	9.84

资料来源：中华人民共和国农业行业标准《绒山羊营养需要量》NY/T 4048—2021。

二、饲料配方

绒山羊不同生理类群的饲料配方见表5-10至表5-14。

表5-10　绒山羊母羊配种期和妊娠前期精补料配方

原料	玉米	麸皮	DDGS	豆粕	葵花头	胚芽粕	玉米皮	膨润土	预混料	合计
配比/%	20	5	8	5	19	18	20	2	3	100

表5-11　绒山羊母羊妊娠后期和哺乳期精补料配方

原料	玉米	麸皮	DDGS	豆粕	葵花头	胚芽粕	玉米皮	膨润土	预混料	合计
配比/%	22	6	10	8	9	20	20	2	3	100

表5-12　羔羊精料配方

原料	玉米	豆粕	麸皮	乳精粉	糖蜜	膨化大豆	植物油	预混料	合计
配比/%	52	20	6	8	5	3	2	4	100

表5-13　绒山羊羔羊育肥期精补料配方

原料	玉米	豆粕	麸皮	磷酸氢钙	石粉	食盐	预混料	合计
配比/%	65	15	15	1	1	1	2	100

表5-14　羔羊育肥期全混合日粮配方

原料	玉米	豆粕	苜蓿草粉	玉米秸秆	磷酸氢钙	石粉	食盐	预混料	合计
配比/%	40	20	10	25	1	1	1	2	100

第四节　不同养殖模式绒山羊饲草料低成本组合应用技术

一、全舍饲高效生态养殖模式

按照绒山羊的营养需要，种植饲料玉米、青贮玉米、紫花苜蓿、沙打旺、羊柴、草木樨等豆科牧草，主要靠水地为养而种进行舍饲养羊，每只羊种植饲料玉米0.11亩（1亩 ≈ 667 m²），青贮玉米0.05亩，灌溉苜蓿0.06亩，每亩灌溉地可养4.5只绒山羊。为养而种既降低了成本，还能达到营养平衡。以养殖220只羊为例，在水浇地上种植15亩苜蓿、10亩青贮玉米、35亩饲料玉米，在旱地上，种植200亩沙打旺、100亩草木樨，饲草问题就可满足220只绒山羊的营养需要。所有饲草，全部加工成草粉喂。不同类型的羊，按不同的配方搭配饲料。配种前母羊，饲喂0.95 kg/d，其中玉米秸秆草粉0.75 kg、玉米0.015 kg、麸皮0.02 kg、豆子0.05 kg、胡麻饼0.05 kg、葵饼0.02 kg，再加适量石粉、食盐和预混料；妊娠母羊，饲喂1.00 kg/d。其中玉米秸秆草粉0.75 kg、玉米0.40 kg、麸皮0.30 kg、豆子0.10 kg、胡麻饼0.10 kg、葵饼0.30 kg，再加适量石粉、食盐和预混料；哺乳期母羊，饲喂1.20 kg/d。其中玉米秸秆草粉0.75 kg、玉米0.05 kg、麸皮0.025 kg、豆子0.17 kg、胡麻饼0.17 kg、葵饼0.0l kg，再加适量石粉、食盐和预混料；育成羊，饲喂0.75 kg/d。其中，玉米秸秆草粉0.50 kg、玉米0.025 kg、麸皮0.025 kg、豆子0.05 kg、胡麻饼0.10 kg、葵饼0.045 kg，再加适量食盐和预混料。

二、放牧 + 补饲高效生态养殖模式

1. 绒山羊一年一产

以内蒙古西部荒漠草原为主，针对生态环境和草场特点，为了保护草场生态环境，使草原植被得到全面恢复的同时使草场资源得到合理利用，目前主要的饲养方式为全年放牧+季节性补饲。经过几年的探索和实践，基本形成了一套绒山羊高效生态养殖的优化发展模式推广应用。荒漠草原绒山羊补饲时间为当年8月至翌年6月。成年公羊、成年母羊、育成公羊、育成母羊精料为80%玉米，20%浓缩料，粗饲料为苜蓿颗粒及草颗粒。羔羊精料为玉米及浓缩料，粗饲料以苜蓿为主。成年公羊平均每日补饲精料300 g、粗饲料400 g，成年母羊每日补饲精料250 g、粗饲料300 g，育成羊每日补精料200 g、粗饲料250 g。粗饲料根据草场生长情况酌情调节。

2. 两年三产

内蒙古绒山羊属于季节性多次发情家畜，受季节和草场环境的影响，年繁殖率较低，近年来，随着人们对羊绒和肉产品的需求不断提高，如何提高绒山羊繁殖率已成为必然趋势。采用中草药添加剂和孕马血清促性腺激素（PMSG）对内蒙古绒山羊进行了同期发情处理，来实现内蒙古绒山羊“两年三产”的高水平繁殖性能。“两年三产”是指绒山羊在两年内实现三次产羔，并达到断奶标准的一项技术。“两年三产”是以8个月为一个生产周期进行3次配种至断奶的生产过程，一个周期有1个月的配种期、5个月的妊娠期和2个月的泌乳期组成（图5-3）。

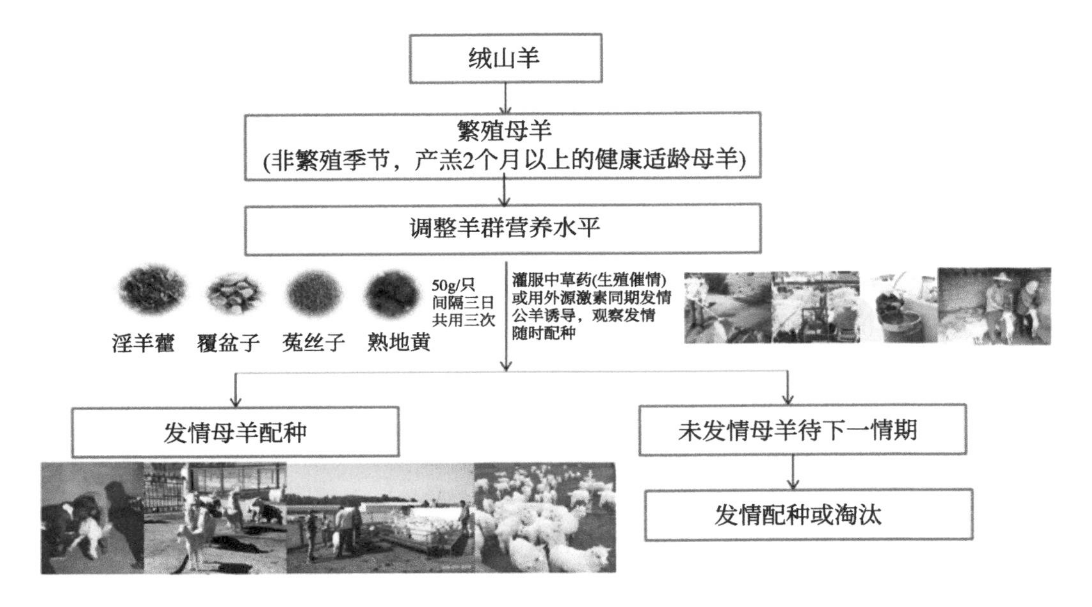

图5-3　绒山羊两年三产繁殖技术

由表5-15可以看出，试验Ⅰ组在非繁殖季节和繁殖季节内蒙古绒山羊的发情率和产羔率极显著高于对照组（$P<0.01$），双羔率两组之间差异不显著（$P>0.05$）。使用中草药添加剂处理内蒙古绒山羊的年繁殖率可达141.44%，使用PMSG处理其年繁殖率可达167.17%，两种处理方式均可大大提高内蒙古绒山羊的年繁殖率。

表5-15　内蒙古绒山羊两年三产产羔性能

组别	第一产			第二产			第三产		
	对照组	中草药组	激素组（PMSG）	对照组	中草药组	激素组（PMSG）	对照组	中草药组	激素组（PMSG）
母羊数/只	60	111	99	60	111	99	56	108	96
发情率/%	$5.00^{B}\pm0.00$	$87.39^{A}\pm1.56$	$90.91^{A}\pm6.06$	$8.33^{B}\pm2.89$	$90.99^{A}\pm3.12$	$92.93^{A}\pm4.63$	$82.46^{B}\pm3.04$	$96.30^{A}\pm5.78$	$95.83^{A}\pm3.61$
产羔率/%	$3.33^{B}\pm2.89$	$88.29^{A}\pm3.12$	$114.14^{A}\pm4.63$	$5.00^{B}\pm0.00$	$93.69^{A}\pm3.12$	$109.09^{A}\pm3.03$	$87.72^{B}\pm3.04$	$103.70^{A}\pm6.41$	$104.17^{A}\pm3.61$
双羔率/%	0.00 ± 0.00	3.60 ± 1.56	$21.21^{A}\pm3.03$	0.00 ± 0.00	2.70 ± 0.00	$15.15^{A}\pm3.03$	3.51 ± 3.04	4.63 ± 1.61	$15.63^{A}\pm3.13$

注：同行数据肩标不同小写字母表示差异显著（$P<0.05$）；肩标不同大写字母表示差异极显著（$P<0.01$）；肩标无字母标注表示差异不显著（$P>0.05$）。

第五节　营养与繁殖及绒品质性状研究与技术开发利用

从营养调控的角度看，为使营养物质合理地分配到长绒和繁殖中，避免绒毛生长与繁殖之间营养物质竞争，从放牧草地营养摄取量、绒毛产量、绒毛品质、母羊繁殖率方面进行综合考虑，以放牧为主的绒山羊，选择在10月到11月这一阶段进行配种较好。此阶段配种，因妊娠后期和哺乳期，对营养需求量增加时，绒毛已生长缓慢或基本停止生长，使绒毛快速生长阶段与母羊怀孕后期对营养物质需求错开（图5-4），在使产绒性能达到较高水平基础上，获得了较好的繁殖性能。

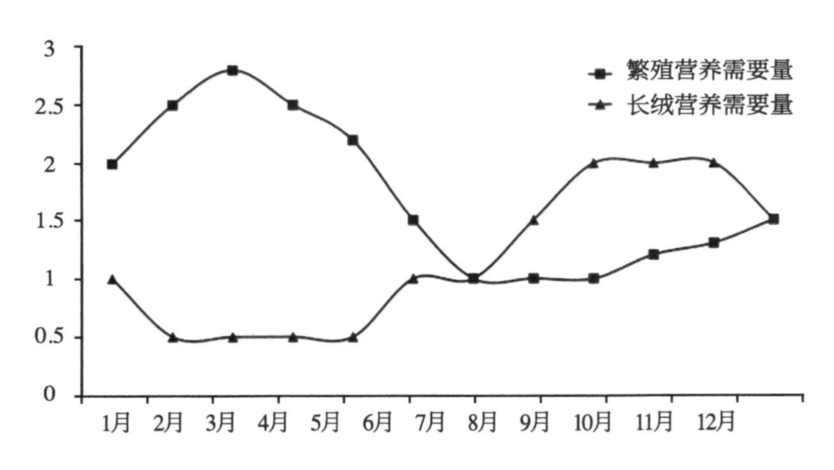

图5-4　绒山羊不同月份绒毛生长与繁殖的营养需要

一、营养与繁殖

绒山羊是季节性发情动物，主要受光照的影响。当光照由长变短的时候，光照对松果体的抑制作用减弱，松果体的褪黑素的分泌活动增强，该激素作用于下丘脑-脑垂体轴，使其对雌激素反馈抑制的敏感性降低，从而造成LH的分泌量和频率增高，使母羊发情排卵。绒山羊的繁殖性能受体重、年龄、饲养管理条件及营养水平等多种因素的影响。营养对繁殖性能的影响主要是影响卵巢的排卵数。排卵数的多少直接影响到产羔率从而影响到繁殖性能。孕前补饲是提高母羊繁殖率的一种方法。孕前补饲是指在配种前1个月对母羊补充适量的精料，可使母羊卵细胞发育加快，排卵增多，而且使其发情集中，产羔也集中，相应提高双羔率和产羔率。羊的妊娠期分为妊娠前期和妊娠后期，妊娠前期（妊娠前3个月）因胎儿发育较缓慢，所

需营养与空怀期基本相同。妊娠后期（妊娠后2个月）胎儿生长迅速，80%～90%的胎儿体重在此期形成，这一阶段需要饲料营养充足、全价。秋季放牧条件下，内蒙古白绒山羊能够获得较充足的营养物质用于基本的维持和生产，不同营养水平的补饲对绒山羊母羊的发情率和受胎率没有显著的影响（$P>0.05$），但是对绒山羊母羊的产羔率有显著影响（$P<0.05$），在配种前进行适宜的补饲可提高绒山羊产双羔的比例，且不影响双羔初生重（杨成和 等，2005）。

二、营养与绒品质

绒山羊绒毛生长是一个极其复杂的生理过程，受遗传、环境等多种因素的影响，遗传是调控绒山羊毛被生长的主要因素，而基因主要是通过内分泌系统和酶的调控发挥作用的。山羊绒品质主要受遗传因素的影响，但环境因素也起着十分重要的作用。环境（营养）等因素最终都要通过神经和内分泌系统调节体内生理状况而起作用。毛囊需要大量的氨基酸和能量完成毛球细胞的快速增殖、分化和迁移，用于纤维合成。彭玉麟等（2002）在1.4倍维持需要条件下，研究了不同日粮蛋白质水平与内蒙古白绒山羊产绒性能的关系，结果表明，日粮不同蛋白质水平显著影响山羊绒的生长速度和产绒量，细度差异不显著，但随日粮蛋白质水平的提高，细度有增粗的趋势。王娜等（1999）对内蒙古白绒山羊在绒生长旺盛期和生长缓慢期日粮的适宜氮硫比进行了综合研究，发现在山羊绒生长旺盛期，氮硫比为7.11：1；在山羊绒生长缓慢期，氮硫比为7.80：1。彭玉麟等（2001）研究了不同无机硫对内蒙古白绒山羊消化代谢及产绒性能的影响，结果发现，添加硫酸钠山羊绒的产量比对照组有所增加，补饲后经济效益大幅度提高。

三、绒山羊体况评分

体况评分（Body Condition Score）是衡量组织储存状况及监控动物能量是否平衡的一种方法。动物的体况评分可以揭示出动物身体的脂类（脂肪组织）和蛋白质（肌肉组织）的贮备状态，这些贮备的体况可以用于维持动物的生理活动、妊娠和生产。体况评分是牧场管理者提高生产效率、改善饲喂程序和动物福利的工具。目前，评价绒山羊生长状况的主要手段是称重和目测，通过定期称重能够精确地计算其生长速度和饲料利用情况等，但是该方法费时费力且影响羊只生长，采食后或怀孕时应用该方法也不准确；目测则可能受羊的被毛长度等的影响，也存在误差。与称重相比，体况评分不需要辅助工具，简单易行，可应用于生产管理和科研结果的描述，用来评价羊只的日粮利用效率、饲养管理是否存在问题、体重估测及体脂肪沉积量等，出现问题及时纠正。此外，规模化羊场可通过对不同阶段的羊只体况进行量化和数据评价，以确定不同时期的适宜体况，为今后羊群整体的生长、生产和繁育等打下基础，从而确定相应的营养和管理策略。体况评分是将视觉评估和触摸判断相结合对绒山羊体况进行打分的方法，虽然在操作过程中有一定的主观性，但仍是目前评估绒山羊体能储备最实用的方法。主要的观测区域：① 肩部区域：包括颈部、胸部、肩膀和肘部以上的区域；② 腰部区域：主要包括腰部、臀部、髋关节和坐骨关节；③ 尾部区域：主要包括尾部和尾根（图5-5）。肩部区域主要关注肩部、颈部区域以及肘部以上胸肋区域体脂覆盖程度。腰部区域主要关注腰部肌肉和脂肪的覆盖程度以及臀部肌肉和脂肪在髋关节、坐骨和背部的覆盖程度。尾部及尾根区域主要针对体况较差或体况较好的绒山羊进行评判，关注尾骨周围及尾根肌肉和脂肪覆盖情况。

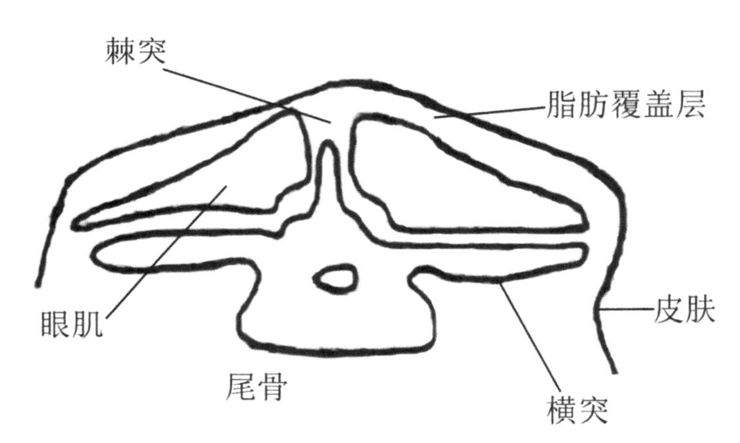

图5-5　绒山羊体况评分后视剖示意

1. 绒山羊体况评分标准

体况评分采用5分制评分标准见表5-16，眼肌区域等级划分示意图见图5-6。1分（特别消瘦）：羊只瘦弱，脊骨突出明显，用手触压肋骨、脊骨和腰椎周围时感觉不到脂肪的沉积，感觉被皮特别薄，皮下覆盖薄薄的肌肉；2分（较瘦）：相对较瘦，脊骨突出，用手触压肋骨、脊骨和腰椎周围时感觉到薄薄的脂肪沉积，皮下的肌肉厚于1分；3分（正常）：脊骨不突出，用手轻压肋骨、脊骨和腰椎周围就能感到脂肪沉积，皮下的肌肉中等厚，有弹性；4分（肥胖）：看不到脊骨，脊椎区显得

浑圆、平滑，用手轻压肋骨、脊骨和腰椎周围就能感到脂肪沉积，皮下的肌肉层丰满，用力压才能区分单独的肋骨；5分（过肥）：肋骨、脊骨和腰椎的骨骼结构不明显，皮下脂肪堆积非常多。

表5-16　绒山羊体况评分标准

体况类型	体况评分	评分标准			
		脊骨	腰椎横突	胸部脂肪覆盖	被毛情况
特别消瘦	1	突出明显	尖锐	没有	全身蓬乱、无光泽
较瘦	2	突出、稍平	不尖锐	少量	体侧蓬乱
正常	3	平而圆	平而圆	中等	较光亮顺滑
肥胖	4	呈一条弧线	感觉不到	增厚	光亮顺滑
过肥	5	下陷	感觉不到	很厚	光亮顺滑

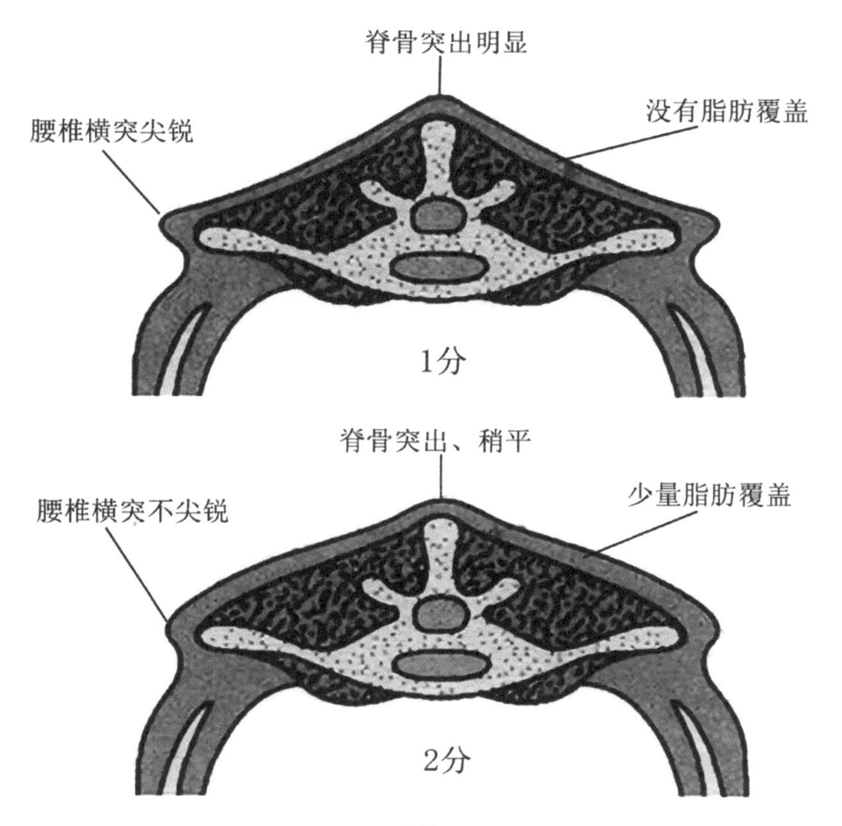

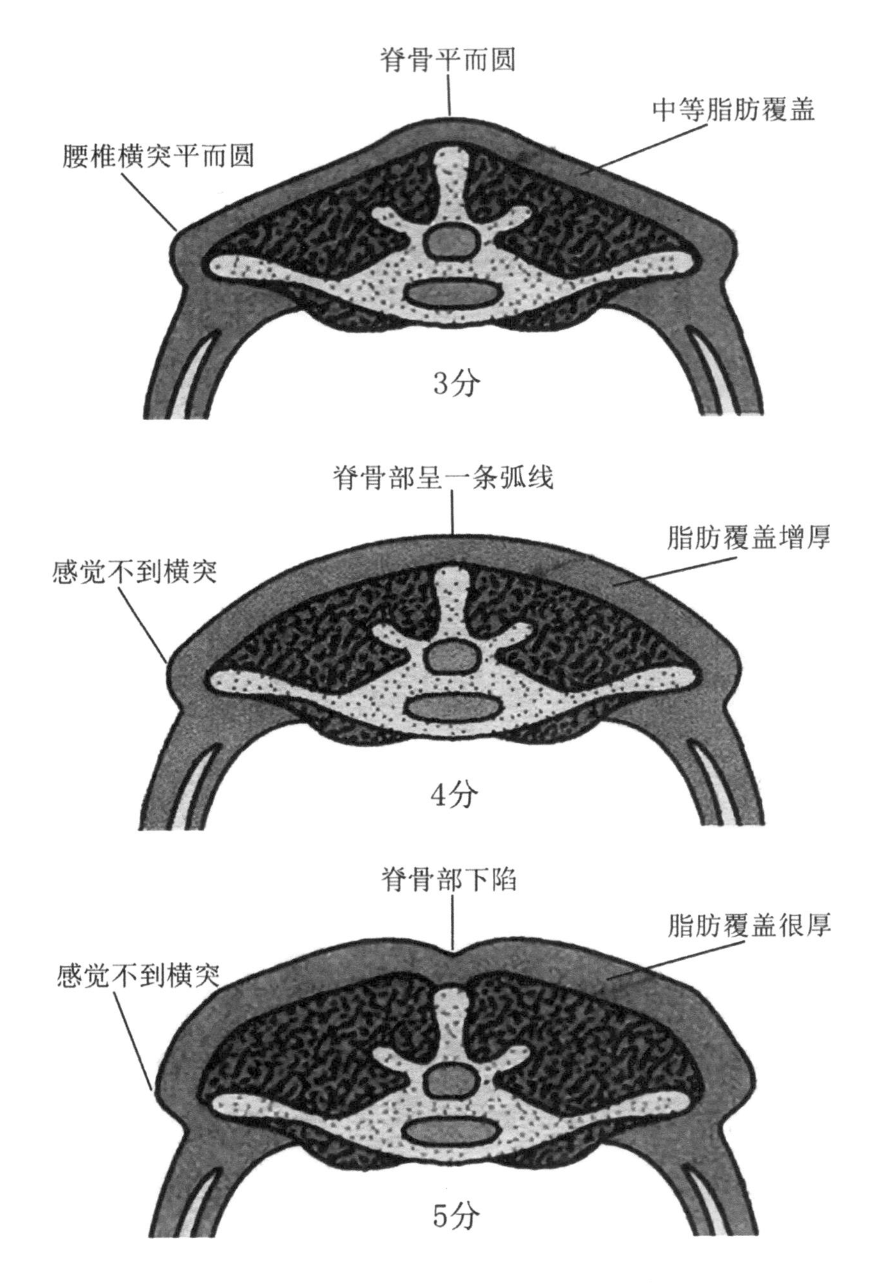

图5-6　绒山羊眼肌区域等级划分示意

2. 绒山羊体况评分方法

评定时将绒山羊保定住，至少3名评定人员通过对羊评定部位的目测和触摸，

结合整体印象，对照标准给分。评定时羊体自然舒张，否则肌肉紧张会影响评定结果。第一，首先观察羊体的大小，整体丰满程度。第二，从羊体后侧观察尾根周围的凹陷情况，然后再从侧面观察腰角脊柱、肋骨的丰满程度。第三，触摸脊柱、肋骨以及尻部皮下脂肪的沉积情况。其操作要点为：① 用拇指和食指掐捏肋骨，检查肋骨皮下脂肪的沉积情况。过肥的肉羊，不易掐住肋骨。② 用手掌在羊的肩、背、尻部移动按压，以检查其肥度。③ 用手指和掌心掐捏腰椎横突，如肉脂丰厚，检查时不易触感到骨骼。评定时要仔细并着重于尾根、尻部等部位的脂肪（或肌肉）沉积情况，结合肋骨、脊柱及整体印象，达到准确、快速、科学评定的目的。绒山羊各生理阶段适宜体况评分见表5-17和表5-18。

表5-17　绒山羊母羊各阶段体况理想分数

各生理阶段	育成阶段	配种期	妊娠前期	妊娠后期	哺乳前期	哺乳中后期	空怀期
理想分数	2.5~3.5	3.0~3.5	2.5~3.5	3.25~3.75	2.0~2.5	2.75~3.25	2.0~3.0

表5-18　绒山羊公羊各阶段体况理想分数

各生理阶段	育成阶段	配种期	非配种期
理想分数	2.5~3.5	3.25~3.75	2.5~3.5

第六章　绒山羊产肉性能

近年来我国羊肉产业快速发展，羊肉产量增幅较大，长期稳居世界第一。随着人们收入水平的提高，生活得到改善，饮食结构也发生变化，我国对营养价值更高的羊肉消费量不断提升。绒山羊作为绒肉兼用型品种，所产山羊肉具有肉质细嫩、高蛋白、低脂肪、氨基酸含量丰富、铁等微量元素含量丰富、胆固醇含量低以及无膻味、味美多汁、鲜香爽口、口感怡人、香味浓郁等特点，而备受消费者青睐。因此，在提升内蒙古绒山羊绒用性能的同时，应重点突出山羊产肉性能和肉品质指标。优化不同类型山羊（成年羯羊、淘汰母羊、断奶羔羊）胴体分割技术，打造优质山羊肉品牌效应，带动山羊产业健康、快速、可持续发展，使山羊养殖效益大幅增高。

第一节　内蒙古绒山羊肉品质

一、羊肉的成分

羊肉是我国传统的食药两用的肉类产品，鲜嫩柔软，营养全面，容易被人体消化吸收，与其他肉类产品相比，羊肉蛋白质含量高而脂肪含量较低，且含有人体所需的多种必需氨基酸、维生素和矿质元素；同时羊肉中胆固醇含量低，更有益于人体健康。尤其是山羊肉具有很高的营养价值，近年来的科学研究表明山羊肉是一种高蛋白、低脂肪、低胆固醇肉类，且含有人体所必需的矿物质和维生素。本节将对山羊肉的化学成分进行介绍，主要包括常量成分和微量成分两部分。

1. 水分

一般认为，羊肉中的水分含量在75%左右。从水分的分布来看，肌肉中的水分主要以结合水、不易流动水和自由水3种形式存在。其中，不易流动水存在于肌丝、肌原纤维和肌膜之间，被交联的肌原纤维锁在其所形成的网格结构内，肌肉中的水大部分以这种形式存在（约80%）；另有15%的水分存在于肌原纤维所形成的网格结构外（肌纤维之间、肌束之间和肌束外），被称为自由水，是构成体液的主要成分。水分作为肌肉中重要的常量组成成分，能够影响羊肉的品质。肌肉通过自身的物理形态和化学构成对水分有一定的束缚能力，称为系水力，系水力是衡量羊肉品质的

重要指标之一。肌肉中水分的流失不仅会导致肌肉重量减少，造成经济损失，而且会在流失过程中带走一部分的蛋白质、可溶性风味物质和血红素，从而降低羊肉的营养价值、口感和肉色。因此，保持羊肉中稳定的水分含量，减少水分流失，也是目前在肉品质研究领域关注的热点问题。

2. 蛋白质

蛋白质是生命的物质基础，也是动物体内除水分以外含量最多的物质。人体需要从食物中摄取一定量的蛋白质，蛋白质在消化道中分解成氨基酸而被人体所吸收，吸收后的氨基酸主要用于蛋白质的合成，从而满足人体生长、修补和更新的需要。蛋白质对人体的生理功能是任何其他物质都不能代替的，因此人体缺乏蛋白质就会出现营养缺乏病。山羊肉可给人类提供一种容易吸收的高浓度氨基酸源。相关报道显示，山羊肉中精氨酸、亮氨酸、异亮氨酸的含量高于绵羊肉，其他氨基酸的含量与绵羊肉相近。山羊肉中必需氨基酸精氨酸、色氨酸、蛋氨酸、苏氨酸的含量与理想型蛋白质接近。组氨酸、苯丙氨酸、亮氨酸、异亮氨酸以及缬氨酸的含量分别达到理想型蛋白质的87.5%、60.4%、84.0%、77.3%和77.1%。山羊肉中氨基酸（特别是必需氨基酸中赖氨酸、精氨酸）的含量可以通过增加羊的精料饲喂量予以提高。山羊肉中含有丰富的对人体胶原合成有利的丙氨酸、甘氨酸、脯氨酸，胶原是人体结缔组织的主要成分，因此山羊肉对于正在发育中的儿童和青少年有着重要的营养作用。

3. 脂肪

山羊皮下脂肪少，主要分布在内脏器官（肠系膜、肾脏和消化道）上，由于山羊皮下脂肪沉积量少，山羊肉看起来比绵羊肉和牛肉瘦。山羊在生长期间肌肉内脂肪成分的变化不大。由于不饱和脂肪酸，尤其是油酸、亚油酸和亚麻油酸的氢化作用，山羊脂肪中饱和硬脂酸的比例较高。山羊皮下脂肪少，也就意味着易被人体吸收的多不饱和脂肪酸的含量较低，山羊肠系膜和肌肉间脂肪的类脂物含量较皮下脂肪的含量高，肌肉间脂肪主要是磷脂。与绵羊脂肪一样，山羊甘油酯中奇数碳脂肪酸和分支甲基脂肪酸含量非常高。绵羊脂肪酸中棕榈酸、硬脂酸、油酸的含量占脂肪酸总量的90%左右。山羊脂肪中油酸、亚油酸的含量稍高于绵羊脂肪。

4. 矿质元素

肉品中矿质元素易被人体吸收，因此山羊肉是广大发展中国家食用山羊肉的人民重要的矿质元素来源。山羊肉Ca、Mg的含量比相应部位的牛肉高，但K、P的含量却低于牛肉，Na的含量和猪肉相近。在山羊肉各种元素中，K、P的含量最高，S的含量最低。山羊骨骼肌中K的含量是Na的4.5～7.58倍，是S的100多倍。P是Ca的25～30倍。不同部位骨骼肌同种元素的含量基本上没有差异，但骨骼肌与非骨骼肌之间差异十分明显。有研究对阿尔卑和努宾山羊测试，山羊肝脏Ca、P、Na的含量明显地高于骨骼肌，但肝脏S、K、Mg的含量却低于骨骼肌。除了常量元素以外，人们也越来越重视食物中微量元素的含量，尤其是Fe、Zn、Cu、Mn等元素。因为这些元素在人体内起着非常重要的作用。山羊肉是一种高Zn蛋白，骨骼肌中Zn的含量高且分布均匀。不同部位骨骼肌的同种元素含量没有差异，但骨骼肌与非骨骼肌之间的差异十分明显。肝脏Fe、Mn、Cu、Zn的含量分别是骨骼肌的2.4倍、11.0倍、41.5倍和1.3倍；Fe/ Zn比也是骨骼肌的两倍。可见食用山羊肝脏不仅可以增加Ca、Mg、Zn的摄入量，还可以增加Cu、Fe、Mn的摄入量。

5. 维生素

山羊肉作为一种高蛋白、低脂肪的肉类食品，其营养价值一直备受关注。在众多营养成分中，维生素的含量尤为引人注目，因为它们对维持人体正常生理功能具有不可替代的作用。维生素A对维护视力、促进皮肤健康及增强免疫功能等方面具有重要作用，据研究，山羊肉中的维生素A的含量因品种、饲养环境及烹饪方式而异，但普遍高于其他畜肉。山羊肉中富含B族维生素，包括维生素B_1（硫胺素）、维生素B_2（核黄素）、维生素B_6、维生素B_{12}以及烟酸等，这些维生素在能量代谢、神经系统功能、红细胞形成等方面发挥关键作用。具体而言，每100 g山羊肉中维生素B_1的含量约为0.07 mg，维生素B_2约为0.28 mg，维生素B_6约为0.26 mg，维生素B_{12}约为2.80 μg，烟酸约为6.70 mg。这些数值均高于一般畜肉，显示出山羊肉在B族维生素方面的优势；维生素C对于增强免疫力、促进铁吸收及抗氧化等方面具有重要作用，虽然肉类食品并非维生素C的主要来源，但每100 g山羊肉中约含1.0 mg。维生素D在促进钙吸收、维持骨骼健康方面起着至关重要的作用。然而，与植物性食物不同，动物性食物中的维生素D含量相对较低。尽管如此，山羊肉作为动物性食品之一，也含有微量的维生素D，对人体健康有一定贡献；维生素E具有抗氧化、保护细胞膜及预防心血管疾病等多种功能，山羊肉中维生素E的含量也较为丰富，特别是α-生育酚形式的维生素E。每100 g山羊肉中维生素E（α-生育酚当量）的含量可达1.0 mg。维生素K对于血液凝固及骨骼健康具有关键作用，每100 g山羊肉中约含2.0 μg。

综上所述，山羊肉中维生素含量丰富，涵盖了维生素A、B族维生素、维生素

C、维生素D、维生素E及维生素K等多种重要维生素。这些维生素在维护人体正常生理功能、促进健康方面发挥着重要作用。因此，适量食用山羊肉对于满足人体对维生素的需求、提升健康水平具有积极意义。

二、羊肉的品质评价

1. 肉色

肌肉的色泽是最重要的感官品质之一，也是对消费者来说最直观的评价指标，能够决定消费者的购买意愿。肉色是指肌肉的颜色，由肌肉中的肌红蛋白和肌白蛋白的比例所决定，但同时与肉羊的性别、年龄、肥度、宰前状况和屠宰、冷藏的加工方法与水平有关。正常的山羊肉颜色因肌肉含有鲜红色的肌红蛋白和血红蛋白呈鲜红色。肌红蛋白越多，肉的颜色越红，但肌肉毛细血管残留血液中的血红蛋白的含量和肉的颜色有关。成年绵羊的肉呈鲜红色或红色，老母羊肉呈暗红色，羔羊肉呈淡灰红色。在通常情况下，山羊肉的肉色较绵羊肉的肉色红。

评定肉色时，可用分光光度计精确测定肉的总色度，也可按肌红蛋白含量来评定。在现场多用目测法，即在评定时取最后一个胸椎处背最长肌（眼肌），新鲜肉样于宰后1～2 h，冷却肉羊于宰后24 h在4 ℃左右冰箱中存放，在室内自然光照下，用目测评分法评定肉羊的新鲜切面（避免在阳光直射下或在室内阴暗处评定），按肉色评分标准表进行评价。

肌肉颜色作为分级参考指标，对其进行统计分析。质量级一级对应的肌肉颜色多为肌肉颜色标准板的三级和四级；质量级二级多对应肌肉颜色标准板的二级和五级；质量级三级多对应肌肉颜色标准板的一级和六级。故在评定羊胴体级别时，需要参照肌肉颜色标准板，三级和四级为好，见图6-1。

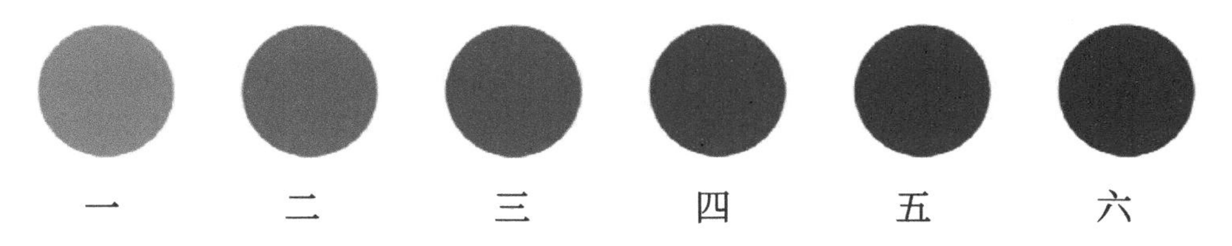

图6-1　肌肉颜色标准板

2. 大理石花纹

大理石花纹是肉眼可见的肌肉横切面红色中白色脂肪纹状结构，是简易衡量肌肉含脂量和多汁性的方法。大理石花纹多而显著，表明肌间蓄积较多的脂肪，则肉多汁、肉质好。因为人们的感官判断是决定购买和肉的价格的主要因素，因此肌内脂肪的数量及分布决定着大理石花纹的评分等级，直接影响肉品质的等级，肌内脂肪分布均匀且比例一定时，呈现出美丽的大理石花纹。大理石花纹均匀分布的肉柔软、鲜嫩多汁、风味极佳，肉品质理想，并售价极高。要准确评定大理石花纹需经化学分析和组织学测定。

目前常用的方法是：取12～13肋骨间背最长肌鲜肉样，置于0～4 ℃冰箱中24 h，取出横切，以切面观察其纹理结构，并用大理石纹评分标准图进行评定，具体评价参考农业农村部标准NY/T 2781—2015。根据图6-2将大理石纹分为6个等级，其中1级、2级、3级划为A级，其余级别划为B级。图6-2大理石纹标准板给出的是每级中大理石纹的最低标准（张德全 等，2015）。

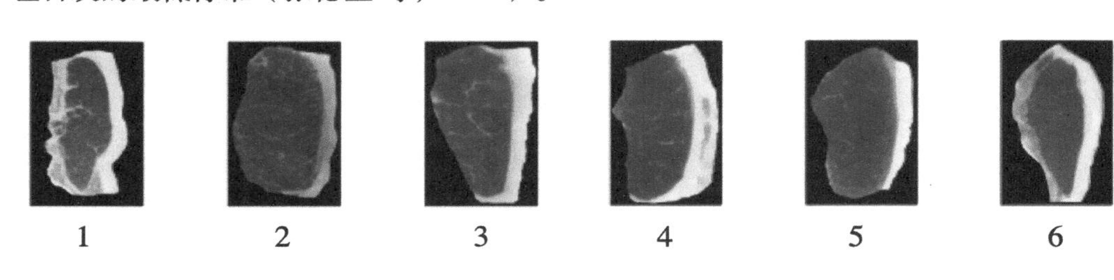

图6-2　大理石花纹图谱

3. 酸碱度

酸碱度是评价羊肉品质的重要指标之一，也是一个综合性指标。在肉品质研究中，通常通过观测屠宰后45 min和24 h的pH值来评价肌肉pH值的高低。羊宰杀后，肌肉的pH值呈中性（6.8～6.9），之后由于肌肉中肌糖原酵解和三磷酸腺苷（ATP）水解功能变化，使肌肉中乳酸和磷酸等酸性物质聚集，引起肌肉pH值下降至5.5左右，之后因蛋白质的分解，肌肉pH值又逐渐升高。因此pH值可判断鲜肉的变化，当肉开始腐败时，pH值从酸性到碱性。鲜肉pH值为5.9～6.5；次鲜肉pH值为6.6～6.7；腐败肉pH值为6.7以上。肌肉的pH值在正常生理状态下为7.35～7.45，因为屠宰后的肌肉需要消耗ATP，所以，屠宰后肌肉的pH值逐渐下降。正常情况下，羔羊宰后24 h肉的pH值在5.46～5.76。

测定方法：用便携式pH计测定宰后45 min pH值，记为pH1。放于4 ℃冰箱，24 h后测定pH值，方法同上，此为pH2。

4. 嫩度

肉嫩度是指煮熟的肉入口咀嚼时对撕裂、切断的难易，即肉的柔软、多汁和易于被嚼烂的程度，与之相反的是韧度。研究指出，羊肉的嫩度和肌中结缔组织胶原成分的羟脯氨酸有关，羟脯氨酸含量越高，切断肌肉的强度越大，肉的嫩度就越小。影响羊肉嫩度的因素很多，如山羊的品种、年龄、性别、部位、肌肉结构及成分、初加工条件、保存条件及时间、熟制温度、时间、技术等。如羔羊肉或肥羔肉，由于肌纤维细，含水分多，结缔组织少，所以肉明显比老龄羊肉嫩度大。研究表明，羊宰杀后肌体的分割时间、胴体温度同肉的嫩度有密切关系。用冷剔骨法时，不要使胴体的温度迅速下降，以免肌肉发生强烈收缩而降低肉的嫩度。所以要求宰杀后10 h内，肌体温度不低于8 ℃以下，这样不会产生过冷而使肌肉发生强烈收缩的现象。如用热剔骨时，就应在僵死前迅速冷冻或早期冷冻，可以避免羊肉变老。

测定方法：剥离后的肌肉立即装入塑料薄膜袋中扎口保存，在15 ~ 16 ℃室温下保存24 h，然后于2 ~ 4 ℃冰箱中保存四昼夜，再把肌肉置于80 ℃的恒温水浴锅中低温慢慢加热，使中心温度达70 ℃左右取出，除去筋膜和表面可见脂肪，按与肌纤维垂直方向取样，用C-LM型嫩度计测量肌肉的剪切值。

5. 熟肉率

熟肉率是指肉煮熟后重量与生肉重量之比，是测定肌肉在烹饪过程中的保水情况。肌肉受热后，其组织成分发生一系列物理和化学的变化，特别是蛋白质变性凝固失去水分，将影响肉质嫩度和风味。因此，肌肉在烹饪过程中失水越少，熟肉率越高，则肉质柔嫩，风味越好。因此，屠宰后几小时内的鲜羊肉如直接进行烹饪加工，会影响风味和口感，表现为肉汤浑浊，肉质粗硬，肉味不佳，而成熟后的羊肉经过烹饪，汁多味美、肉汤鲜明，易于消化。

测定方法：宰后1 ~ 2 h内采取背最长肌、臂三头肌、股二头肌、臀肌肉各称取100 g左右，在铝锅中蒸45 min，取出来冷却30 min再称重。

熟肉率（%）=蒸熟后肉样重 / 蒸前肉样重 × 100。

6. 失水率

失水率是羊肉在一定压力条件下，经过一定时间所失去的水分占失水前肉重的百分率。肌肉蛋白质变性的最重要表现是丧失保持水分的性能，因此失水率是动物宰杀后肌肉蛋白质结构和电荷变化的极敏感的指标，直接影响肌肉的风味、嫩度、色泽、加工和贮藏。失水率越低，表示保水性越强，肉质柔嫩，肉质越好。

测定方法： 宰后1～2 h内采取背最长肌、臂三头肌、股二头肌、臀肌肉各取1 cm厚度，圆形取样器取肉样5 cm^2左右，称重后肉样的上下各垫16层定性滤纸，使用应变式立侧限压缩仪，给肉样施加30 kg压力，保持5 min后，再称重肉样，计算公式为：失水率（%）=（肉样压前重量–肉样压后重量）/ 肉样压前重量 × 100。

7. 膻味

膻味是绵、山羊固有的一种特殊气味，属羊的代谢产物。膻味的大小因羊的品种、性别、年龄、季节、地区、去势与否等诸多因素有关。对羊肉膻味的鉴别，最简单的方法是煮沸品尝。取前腿肉0.5～1.0 kg，放入锅内蒸60 min，取出切成薄片，放入盘中，不加任何佐料（原味），凭咀嚼感觉来判定膻味的浓、淡程度。另外，也可从以下几个维度进行。

（1）脂肪酸组成

长链不饱和脂肪酸： 山羊肉中的脂肪酸主要是长链不饱和脂肪酸，如亚油酸和亚麻酸等。这些脂肪酸在高温下容易氧化，产生不良风味，从而可能增加羊肉的膻味。

饱和脂肪酸： 虽然山羊肉也含有一定量的饱和脂肪酸，但相对于绵羊肉而言，其含量可能更高。饱和脂肪酸是导致膻味的主要成分之一，因此，高饱和脂肪酸含量的山羊肉可能会表现出更强烈的膻味。

（2）羊酮含量

羊酮是导致羊肉膻味的主要成分之一。通过科学测定，可以发现山羊肉中的羊酮含量通常高于绵羊肉。这进一步解释了为什么山羊肉的膻味相对较大。

（3）其他相关物质

除了脂肪酸和羊酮外，羊肉中的其他物质如硬脂酸、酚类、吲哚、羟基化合物、含硫化合物、醛类、萜类等也与膻味有关。这些物质的含量和比例在不同种类的羊肉中可能有所不同，从而影响了羊肉的膻味特性。

综上所述，从脂肪酸组成的角度来看，山羊肉中较高的长链不饱和脂肪酸和饱和脂肪酸含量，以及较高的羊酮含量，共同导致了其相对较大的膻味。但需注意的是，由于羊肉的膻味具有复杂性和多样性，因此在实际应用中还需要结合具体情况进行综合考虑。

第二节　绒山羊屠宰性能

一、屠宰加工技术现状

1. 屠宰加工技术现状

目前研究发现，不同屠宰方式导致羊只的应激程度不同，进而引起羊肉产生应激状态和质量水平差异。动物应激反应的降低可以改善肉质并降低熟肉损失率，从而提高屠宰企业的经济效益。

2. 屠宰方式

目前，机械致晕、电击致晕及气体致晕技术是较为常见的三种屠宰方式。研究表明，和机械致晕相比，采用电击致晕方式屠宰可以减少肉羊的应激反应和痛苦，降低羊肉的蒸煮损失率，提高羊肉中不饱和脂肪酸的含量，既符合动物福利也提高了肉制品品质，欧盟法律也强制规定畜禽屠宰时要使用电击致晕方式。因此，电击致晕技术在畜禽屠宰过程已被广泛应用。

3. 屠宰检疫

肉羊的屠宰检疫能够首先确定肉羊的健康情况，并保证羊肉的质量安全。在屠宰过程中，要明确和严格控制肉羊屠宰技术要点，保证肉羊屠宰检疫质量；任何一个环节出现问题，都需要进一步采样和检查：① 严格执行《中华人民共和国动物防疫法》；② 严格执行消毒制度；③ 宰前检疫；④ 宰后检疫。

4. 屠宰流程

(1) 屠宰前准备

处理成年羊和羔羊时，必须将应激降至最低才能获得优质的肉品质量。另外，还需注意以下几点：① 至少2周不剪羊毛（羊毛长度≥5 mm）；② 屠宰前的总禁食时间不得超过48 h；③ 羊在不运输的情况下，要保证自由饮水；④ 运输前至少在寄售地停留2周；⑤ 运输时间不得超过24 h；⑥ 满足所有MSA（Measurement Systems Analysis）标准的羊可直接寄售。

(2) 正式屠宰环节

屠宰环节包括：放血，剥皮，清除所有消化、呼吸、排泄、生殖等器官，根据肉类检验机构的要求进行最低标准的修整，可加大颈部区域的修整，剔除几个环节。

剔除内容包括：①头部位于头骨（枕骨）和第一颈椎之间，②蹄膝关节（腕骨和掌骨）和飞节（跗骨和跖骨）之间，③尾使其不超过5个尾椎骨，④结缔组织将结缔组织尽可能与腰椎体分离，⑤肾脏、肾旋钮和盆腔通道脂肪，⑥乳房、睾丸、阴茎等。

5. 屠宰加工设备及技术

屠宰加工的专业机械和技术随着科技的发展有了很大的变化。目前，大多数屠宰企业仍以传统的手工屠宰方式为主，只有极少数企业实现了自动化、机械化甚至是智能化。规模化、智能化的先进设备仍较为缺乏，特别在羊肉嫩化、羊肉脱膻、羊肉保藏、超高压技术、现代生物工程技术和羊肉加工工艺（表6-1）等方面需要继续攻坚克难。可喜的是，我国一些科研单位和企业在这些方面已经做了很多工作，并取得了相应的成果。其中，羊肉冷链保鲜、栅栏保鲜技术等保藏方法，羊肉软罐头、注射滚揉腌制以及超微粉碎技术等加工工艺，已成为我国及世界上羊肉加工技术的主流。

表6-1　羊肉主要加工技术

分类	羊肉脱膻	羊肉嫩化	超高压	羊肉保藏	羊肉加工工艺	现代生物工程
主要方法	食药脱膻、物理及化学脱膻、微生物脱膻	化学嫩化、酶解嫩化、超高压嫩化、超声波嫩化	超高压嫩化、超高压灭菌、超高压保鲜	冷链保鲜、栅栏保藏	软罐头、注射滚揉腌制、超微粉碎	酶工程、细胞工程产品防腐

6. 肉羊屠宰加工标准

肉品质质量安全一直深受国内外消费者关心，羊肉产品质量是羊肉产品进口贸易的关键。我国先后出台多项国家标准、行业标准、产品标准来规范屠宰加工行业（表6-2）。目前使用的肉羊屠宰加工业检验制度主要有《出口冻羊肉检验规程》（SN/T 0417—1995）、《出口冻牛、羊副产品检验规则》（SN/T 0425—1995）和《牛羊屠宰产品品质检验规则》（GB 18393—2001）等。全国屠宰加工标准化技术委员会于2012年12月12日正式成立，进一步保障我国食品安全，对我国屠宰行业发展起到规范和促进的作用，从而推动国际合作。

表6-2　肉羊屠宰加工标准

标准分类	编号	标准名称	状态
基础标准	SB/T 10352—2003	《畜禽屠宰加工厂实验室检验基本要求》	废止
	SB/T 10395—2005	《畜禽产品流通卫生操作技术规范》	作废
	GB/T 17237—1998	《畜类屠宰加工通用技术条件》	作废
产品标准	GB 18406.3—2001	《农产品安全质量 无公害畜禽肉安全要求》	废止
	NY/T T633—2002	《冷却羊肉》	现行
卫生标准	NY/T 5147—2002	《无公害食品 羊肉》	作废
	NY/T 630—2002	《羊肉质量分级》	现行
	GB 12694—1990	《肉类加工厂卫生规范》	作废
检验标准	NY/T 467—2001	《畜禽屠宰卫生检疫规范》	现行
	GB 18078—2000	《肉类联合加工厂卫生防护距离标准》	作废
	GB 18407.3—2001	《农产品安全质量 无公害畜禽肉产地环境要求》	废止
	SN 0417—1995	《出口冻羊肉检验规程》	现行
	SN/T 0425—1995	《出口冻牛、羊副产品检验规程》	作废
	GB 18393—2001	《牛羊屠宰产品品质检验规程》	现行
	农业部2002年235号公告	《动物性食品中兽药最高残留限量》	—
	GB 16548—2006	《病害动物和病害动物产品生物安全处理规程》	废止

二、内蒙古白绒山羊屠宰性能

内蒙古绒山羊肉质鲜嫩、味道鲜美、膻味轻，肌间脂肪分布均匀。屠宰性能见表6-3。

三、羊肉分割分级

随着人民对美好生活需求的日益提高，低品质的冷鲜或冷冻羊肉制品已慢慢被市场所淘汰，广大消费者越来越青睐各种鲜嫩羔羊肉。一套快速、简便、准确的胴体分级标准为消费者和生产商之间建立起一个良好互信的交流平台，可以确保羊肉制品实现优质优价，增强优质羊肉的市场竞争力。

表6-3　内蒙古绒山羊屠宰性能

类型	性别	只数	宰前活重/kg	胴体/kg	净肉重/kg	屠宰率/%	净肉率/%	胴体净肉率/%	眼肌面积/cm^2	GR值/mm	背脂厚/mm	尾重/g
阿尔巴斯型	公	15	38.10 ± 2.80	19.10 ± 1.40	15.90 ± 1.30	50.00 ± 2.00	41.80 ± 2.30	83.50 ± 2.20	14.70 ± 2.50	12.60 ± 1.60	1.60 ± 0.30	51.50 ± 6.00
	母	15	33.80 ± 2.43	17.80 ± 1.48	15.20 ± 1.54	52.80 ± 3.76	45.08 ± 4.08	85.27 ± 2.24	14.58 ± 2.77	13.90 ± 2.67	2.40 ± 0.48	65.60 ± 9.82
二郎山型	公	15	38.90 ± 3.10	15.40 ± 1.50	12.10 ± 1.20	39.68 ± 2.00	31.15 ± 1.70	78.52 ± 2.00	11.10 ± 1.90	6.60 ± 1.40	1.20 ± 0.20	31.20 ± 4.10
	母	15	26.00 ± 2.10	10.40 ± 0.80	8.60 ± 0.70	39.94 ± 1.50	33.28 ± 1.60	83.3 ± 1.70	7.30 ± 1.50	8.30 ± 1.10	1.10 ± 0.20	21.70 ± 4.40
阿拉善型	公	15	29.50 ± 3.10	11.70 ± 1.8	8.60 ± 1.40	39.73 ± 3.66	29.15 ± 3.08	73.33 ± 2.74	9.68 ± 2.70	5.80 ± 0.58	1.40 ± 0.20	31.10 ± 10.60
	母	15	19.10 ± 1.40	7.80 ± 0.60	4.40 ± 0.60	40.98 ± 2.15	22.93 ± 2.38	68.12 ± 4.74	5.41 ± 1.04	5.10 ± 0.50	1.00 ± 0.20	18.50 ± 2.40

注：2023年3月分别在鄂尔多斯市鄂托克旗、巴彦淖尔市乌拉特中旗、阿拉善盟阿拉善左旗由内蒙古自治区农牧业技术推广中心、内蒙古农业大学测定，绒山羊均为12月龄。

1. 羊肉分割

我国羊肉分割标准不断完善。2021年农业农村部颁布行业标准《畜禽肉分割技术规程 羊肉》（NY/T 1564—2021）（表6-4）。该标准规范了羊肉分割方法，将羊胴体分割为前1/ 4胴体、羊肋脊排、腰肉、臀腰肉、带臀腿、后腿腱、胸腹腩、羊前腿、羊颈9个部分（图6-3）。该标准适用于全国所有的羊肉分割加工，涵盖分割羊肉的38个品种；其中有25种带骨分割羊肉，13种去骨分割羊肉。目前，该标准是我国现行有效的唯一一个详细规范羊肉分割技术的标准，极大地推动了我国肉羊产业发展。

表6-4　我国羊肉分割、分级标准

标准编号	标准名称	标准适用范围
NY/T 630—2002	《羊肉质量分级》	适用于羊肉生产、加工、营销企业产品分类分级
NY/T 1564—2021	《畜禽肉分割技术规程 羊肉》	适用于羊肉分割加工
GB 9961—2008	《鲜、冻胴体羊肉》	适用于健康活羊经屠宰加工、检验检疫的鲜、冻胴体羊肉

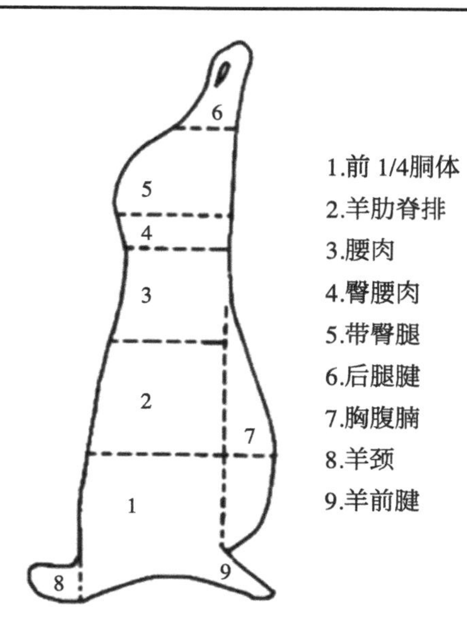

图6-3　我国羊胴体部位分割

2. 羊肉分级

我国不仅是世界羊肉生产大国，也是世界羊肉消费大国，养羊业是我国畜牧业的支柱产业。但同时，我国目前肉羊养殖中存在着规模较小且分散，饲养管理水平低下等问题，影响了我国羊肉的整体质量水平。不过，随着我国在饲料、防疫、养殖、屠宰、分割、质量分级、运输等羊肉品质与安全相关标准和法规的逐步健全和完善，有力地推动了我国羊肉质量的提升。

我国羊胴体分级相关标准：《鲜、冻胴体羊肉》（GB 9961—2008）中关于羊肉分级的指标采用《羊肉质量分级》（NY/T 630—2002）。《羊肉质量分级》（NY/T 630—2002）标准根据生理成熟度将羊肉划分为三类：大羊肉、羔羊肉和肥羔羊，根据胴体重、肥度、肋肉厚度、肉质硬度、肌肉发育程度、生理成熟度和肉脂色泽共7个指标将每类羊肉分为4个级别，分别是特等级、优等级、良好级和可用级，见表6-5。

表6-5　我国羊胴体分级标准

级别	大羊肉胴体分级标准	羔羊肉胴体分级标准	肥羔羊肉胴体分级标准
特等级	胴体重25～30 kg，肉质好，脂肪含量适中，第六对肋骨上部棘突上缘的背部脂肪厚度0.8～1.2 cm，大理石花纹丰富，脂肪和肌肉硬实，肌肉颜色深红，脂肪乳白色	胴体重≥18 kg，背部脂肪厚度0.5～0.8 cm，大理石花纹明显，脂肪和肌肉硬实，肌肉颜色深红，脂肪乳白色	胴体重≥16 kg，眼肌大理石花纹略显，脂肪和肌肉硬实，肌肉颜色深红，脂肪乳白色
优等级	胴体重22～25 kg，背部脂肪厚度0.5～0.8 cm，大理石花纹明显，脂肪和肌肉较硬实，肌肉颜色深红，脂肪白色	胴体重15～18 kg，背部脂肪厚度在0.3～0.5 cm，大理石花纹略显，脂肪和肌肉较硬实，肌肉颜色深红，脂肪白色	胴体重13～16 kg，无大理石花纹，脂肪和肌肉较硬实，肌肉颜色深红，脂肪白色
良好级	胴体重19～22 kg，背部脂肪厚度0.3～0.5 cm，大理石花纹略显，脂肪和肌肉略软，肌肉颜色深红，脂肪浅黄色	胴体重12～15 kg，背部脂肪厚度在0.3 cm以下，无大理石花纹，脂肪和肌肉略软，肌肉颜色深红，脂肪浅黄色	胴体重10～13 kg，无大理石花纹，脂肪和肌肉略软，肌肉颜色深红，脂肪浅黄色

续表

级别	大羊肉胴体分级标准	羔羊肉胴体分级标准	肥羔羊肉胴体分级标准
可用级	胴体重16～19 kg，背部脂肪厚度在0.3 cm以下，无大理石花纹，脂肪和肌肉软，肌肉颜色深红，脂肪黄色	胴体重9～12 kg，背部脂肪厚度在0.3 cm以下，无大理石花纹，脂肪和肌肉软，肌肉颜色深红，脂肪黄色	胴体重7～10 kg，无大理石花纹，脂肪和肌肉软，肌肉颜色深红，脂肪黄色

注:凡不符合以上要求的均列为级外胴体。

第三节　影响绒山羊产肉性能和肉品质的因素

一、动物因素

品种是不同胴体形态和肉品质的一个明显的内在影响因素，品种对肉品质的影响是复杂的。品种或遗传类型对羔羊的影响差异很大。然而，对遗传类型和肉质嫩度的研究表明，品种对肉质嫩度没有影响，消费者感官评价也显示所分析的两个品种之间没有差异。事实上，年龄和肌肉类型比品种更重要。大多数的差异可能是由成熟度或肌肉发育程度的差异造成的。

反刍动物性别效应（雄、雌、去势）主要与脂肪沉积量、沉积部位、生长速度和胴体产量有关。胴体属性受性别影响较大；而且由于早熟，雌性比雄性更容易受到影响。此外，性别影响其他变量的研究，如pH值和肉色，因为激素影响，雄性更容易兴奋，pH值比雌性略高，由于性激素分泌减缓、生长速度减慢，阉割后的羊肉品质明显改善，膻味程度有所下降，亮度提高。体重轻的羊羔体内脂肪含量较少，屠宰产量较低，肌肉和骨骼比例较高。此外，体重影响脂肪含量和肉色，体重更大的羊肉肉色较深。

二、营养因素

良好的营养饲喂条件，可以提高肌肉脂肪含量，使大理石花纹更加丰富，由于脂肪有稀释结缔组织的作用，从而可以提高肉的嫩度和适口性。若营养水平不够，则会导致肌肉之间的脂肪含量低，肉的嫩度较差。提高能量与蛋白水平，可以显著提高羊肉的肉色、熟肉率和眼肌面积，并且显著提高肌肉中的氨基酸含量，改善了羊肉品质。

三、宰前其他因素

1. 饲养模式

肌体的生长主要是增加肌肉质量和脂肪的积累，因此育肥期养分供应必须保持足够的水平以积累肌肉和脂肪。每个组织之间增长速度是不一致的，通常是骨骼>肌肉>脂肪；躯体部位的生长顺序一般为先长头、四肢、皮肤，后长躯干部的胸腔、骨盆和腰部，这一阶段的饲料营养不足，会直接影响体型和体重，从而影响肉质，所

以饲料的供给量和蛋白质的质量、营养成分在日粮中所占比例要恰当。在生产时应充分利用羔羊生长快的特点，迅速提高生产水平。舍饲育肥是最常见的饲养模式。在羊舍内，不适宜的温度和湿度及不充分的通风会降低肥育性能。

2. 宰前应激

随着人们生活水平的提高，食品安全和感官质量等问题越来越受到人们的关注，宰前预处理已成为影响产品质量最重要的因素之一。适当的宰前处理可以使肉类在屠宰后继续维持正常的新陈代谢，延长肉产品的保质期。

四、宰后处理与加工

屠宰后骨骼肌发生一系列的生理生化变化，包括僵直和衰老。衰老的时间因物种而异，这些变化在很大程度上决定了羊肉的感官品质。肉品质是由肉的颜色、质地、气味、味道和多汁性等感官特征决定的。随着年龄的增长，肌肉会逐渐变软，保持水分的能力略有提高，并产生一种独特的气味。熟化2～5 d，可提高羊肉的鲜味、嫩度和适口性。然而，在欧洲国家，屠宰后1 d或2 d内羊肉即被食用，没有进行熟化。肌肉的快速冷却会导致一种被称为“冷缩”的现象，这种现象会导致肉的韧性大大增加，而这种韧性不会因为成熟而降低，其他的加工方法，如在改良的环境中包装，除了冷藏，使用乳酸菌、细菌素宰后处理与加工或辐射等手段，可以提高肉的保质期。消费者对羊肉的接受程度和主观品质也会受到屠宰方法、包装、市场营销、当地的烹饪传统和烹饪方法的影响。

第七章　内蒙古绒山羊的育种需求分析

内蒙古绒山羊绒肉综合品质最优，其优良的羊绒产品享誉国内外。按照国家自治区发展优势产区产业的政策，充分发挥内蒙古绒山羊资源优势，对加快绒山羊种业产业的发展具有重要意义。同时我国绒山羊不从国外引种，绒山羊种业完全依赖自主培育，其做大做强对我国在世界上同类研究及产业将起到示范作用。

第一节　内蒙古绒山羊育种进展

绒山羊生产在近20年中的迅速发展正值动物育种从数量遗传学方法走向分子数量遗传学方法的大变革时期主效基因（Major Gene）和数量性状基因座（Quantitative Trait Locus，QTL）的检测、识别和定位。只有结合数量遗传学方法，并足以形成进行QTL标记辅助选择（Marker Assisted Selection，MAS）的条件时，才能在育种实践中发挥巨大作用。对于绒山羊育种来说，今后的发展除了面临分子育种方法挑战之外，还由于其分布区域、生产方式和育种方法滞后等特点，需要在做好基础育种工作的前提下，逐渐引入现代分子生物学技术。绒山羊育种概括起来主要经历了两个时期，即自然选择时期和系统选育时期。

一、自然选择为主时期

山羊是最早被人类驯化的动物之一，由于分布区自然环境和社会经济条件的差异，逐渐分化出了一些具有不同用途的品种，诸如普通山羊、裘皮山羊、羔皮山羊、肉用山羊、奶用山羊、毛用山羊、绒用山羊等多种类型。其中奶用山羊和毛用山羊的研究水平较高，也比较深入，而对绒山羊的系统研究和育种开始于20世纪80年代以后。尽管早在500年以前，印度人纺织的羊绒围巾就在欧洲受到青睐，但绒山羊生产与育种工作却一直没有受到重视。大多产绒较高的一些普通土种山羊，主要受自然环境条件的选择，根本谈不上系统选育，即使是当地群众进行的有意识和无意识的选择，其针对性状也主要是产肉性能。一些后来被称作绒山羊的品种，在这一时期所形成的某种特点也主要是自然环境条件选择的结果，至今山羊绒的细度、光泽、白度、弹性以及强伸度等品质性状仍然打着环境生态的烙印。在20世纪80年

代以前，先进的育种理论和方法基本上没有在绒山羊上采用。大多数国家的工作只停留在对自然群体的调查了解阶段，有的学者对山羊的起源进化和资源分布进行了研究。

二、系统选育时期

澳大利亚、新西兰、英国、美国一些畜牧业发达国家也相继开发和建立绒山羊基地，并通过放牧山羊来控制杂草灌木，改良草地。与此同时，大力开展绒山羊的选育与研究工作，提高山羊绒产量。中国由于有得天独厚的绒山羊资源优势，在绒山羊选育中取得了巨大的成就，积累了丰富的资料，但绒山羊遗传育种研究的水平仍然偏低，尚有很多工作需要开展。

20世纪80年代以来，世界很多国家开始重视绒山羊育种工作，采取的途径有本品种选育和杂交改良。其育种目标主要是提高山羊绒产量，并保持理想的绒纤维细度。这一时期，中国出现了前所未有的绒山羊选育热。先后对辽宁绒山羊、内蒙古绒山羊和其他品种的绒山羊进行系统选育，建立育种场，组建育种核心群，健全和完善育种档案记录，开展本品种选育。辽宁绒山羊确定了以个体鉴定、生产性能资料为主，参考祖代和后裔测定成绩，消除有色基因，降低绒纤维细度，提高绒产量为中心的选配原则；内蒙古白绒山羊在保持绒细度品质不变的前提下，重点提高产绒性能；与此同时，新疆、西藏、甘肃也对当地的绒山羊进行了系统选育，全国各地引进辽宁绒山羊和内蒙古绒山羊，进行了对本地土种山羊的杂交改良，据统计有17省（区、市）的113个县开展了这方面的工作；新疆还开展了野山羊与家山羊的杂交育种工作。

在这一时期，对绒山羊主要经济性状遗传参数、选择反应、综合育种值估测、选择指数等方面的研究工作逐渐深入。研究表明用常规方法和动物模型估计的体重、净绒量、抓绒量、绒长、绒细度和多胎性状的遗传力均较高，分别为0.29、0.27、0.61、0.70、0.27和0.51。体重、绒长、净绒量和绒细度为绒山羊的主要选育目标，并根据遗传相关和表型相关估测了4个性状的综合育种值，采用动物模型BLUP法估计了内蒙古白绒山羊抓绒量和体重的单性状育种值及两性状的综合育种值，研究表明动物模型BLUP法适合于内蒙古白绒山羊选种，该方法比过去传统的个体表型选择具有更高的准确性，并结合实践应用提出了对公羊进行选择的具体方法。

三、绒山羊基因组育种进展

基因组选择是利用遍布整个基因组的标记，估计出单个SNP或者不同染色体片段的效应值，进而通过效应值相加得到个体全基因组估计育种值（GEBV），并对个体进行选择。自2001年科学家Meuwissen首次提出基因组选择方法之后，从此开启了动植物育种的新时代，彻底改变了常规育种的思路，在动物、植物和微生物上均有应用并取得显著成果。全基因组关联分析是精确定位候选基因的重要技术手段。近年来国内学者也开展了绒山羊全基因组关联分析和基因组选择研究。2022年国际山羊变异项目（Var Goats）计划（国际1000基因组重新测序项目，旨在了解驯化和繁殖对家养山羊遗传多样性的影响，并阐明物种形成和杂交是如何模拟代表山羊属的一组物种的基因组机制）公布了一个数据集包括652只测序山羊和507只公共数据库已经测序的山羊序列，包括代表8个野生物种的35只动物。通过将这些序列与山羊参考基因组（*ARS1*）的最新版本进行比对，确定了74274427个单核苷酸多态性（SNP）和13607850个插入缺失（INDEL）。以描述家养山羊的全基因组多样性。该项目产生的数据对于识别有害突变和多态性以及对复杂性状的因果影响也非常有用，有助于基因组预测和全基因组关联研究。Stella等（2018）基于山羊52K SNP芯片对全球山羊种群遗传多样性（Adapt Map）进行研究，收集了来自世界各地35个国家148个群体共4653只山羊个体，探索了全球山羊的群体遗传学、群体历史选择特征、迁移路线和环境适应性等内容，结果表明不同品种山羊的基因组和地理环境之间存在密切联系。AdaptMap的研究为探索山羊基因组提供了新的机会，为了解世界范围内山羊适应性及全球山羊种群育种奠定了基础。Kijas等（2013）基于52K SNP芯片对波尔山羊、绒山羊和草地山羊的角型进行研究，通过 GWAS 定位无角区域在 1 号染色体上。Martin等（2016）以萨能奶山羊为研究对象，对其毛色进行 GWAS 研究，发现与毛色相关的3个显著位点并成功定位于5号和13号染色体；2018年伊朗科学家利用Illumina 50K的山羊芯片研究了伊朗马尔霍兹山羊马海毛的性状，在13号染色体上发现了黑色和棕色毛色候选基因*ASIP*、*ITCH*、*AHCY*和*RALY*以及6号染色体上白色基因*KIT*和*PDGFRA*与毛色显著相关。大量标记表明基因与马海毛性状有显著关联，1号染色体上*POU1F1*是潜在毛被品质性状的候选基因，2号染色体上的*MREG*代表马海毛体积，10号染色体上的*DUOX1*与周岁羊毛重量相关，以及7号染色体上*ADGRV1*与油脂百分比相关。

第二节　绒山羊遗传评定方法

遗传评定（Genetic Evaluation）即衡量家畜种用价值的高低，通常用育种值（Breeding value）的大小表示。育种值不能直接度量只能用统计方法估计，因此，育种值的估计是遗传评定的重要内容，也是育种工作的主要任务。目前，估计育种值的方法主要有选择指数法、BLUP法和GBLUP法。

一、选择指数法

选择指数法为：$I=\sum b_i \times X_i$，b_i是对性状X_i的加权系数，对性状的选择效果不同，与实际育种效果差异较大。

二、BLUP 法

Henderson于1972年首次提出BLUP法，全称是最佳线性无偏预测（Best Linear Unbiased Prediction），基本原理是线性统计模型和数量遗传学相结合，用它估计育种值具有误差方差最小和估计育种值的数学期望为真值的特性，利用BLUP法建立模型相当灵活、简单。随着计算机技术的迅速发展，把线性模型和计算机技术有机地结合起来，以多种方式利用必要的数据，采用实用的数学模型与分析方法，进行对比、评价和优选，达到对育种值和遗传参数的无偏估计，使育种工作更有效率、更科学。传统的育种值估计方法，可以在一定程度上消除环境因素的影响，但经常忽略个体的不同性状的遗传相关效应和个体间血缘相关的作用，估计的准确性不高。使用混合线性方程组的BLUP方法，由于同时考虑了所有的固定效应和随机效应，加入了所有动物个体的亲缘系数和近交系数信息，校正了系统环境等因素的影响，残差方差最小，使育种值的估计具有较高的准确性。

三、GBLUP 法

GBLUP（Genomic Best Linear Unbiased Prediction）法是一种在基因组选择中广泛应用的统计方法，其核心在于利用个体的基因组信息（如SNP标记数据）来预测其遗传值或性状表现。该方法基于线性模型，通过计算基因型相关系数矩阵和混合模型方程，得到预测的遗传值，具有无偏性、高效性和广泛适应性等优点。GBLUP法在动物的育种中有重要应用，能够帮助研究人员预测新个体或后代的性状表现，从而指导育种决策。然而，GBLUP法也存在一些局限性，如计算复杂性较高、不考虑

基因互作以及预测精度可能受基因稀疏性影响等。尽管如此，随着基因组学技术的不断进步和计算能力的提升，GBLUP法的应用前景仍然广阔。研究人员有望进一步改进GBLUP法的数学模型和方法，提高其预测精度和计算效率。同时，随着更多物种的基因组信息被揭示，GBLUP法的应用范围也将不断扩大，为育种领域带来更多新的机遇和挑战。总之，GBLUP法作为一种有效的基因组选择方法，将在推动育种科学进步和农业生产发展中发挥越来越重要的作用。

第三节　超细绒山羊选育

以提高超细绒山羊产绒性能、绒品质、繁殖率、加快生长速度、降低成本、缩短产间距、达到均衡出栏和优质种羊（成年公羊绒细度14.50 μm以下，伸直长度7 cm以上，产绒量750 g以上）创制为总目标，开展超细绒山羊绒品质性状选育，核心群MOET快速扩繁等研究应用，利用高效繁育技术提高种羊使用效率，构建绒山羊遗传评估体系，最终实现超细绒山羊提质增效和优质种羊创制的产业化应用，形成规模化超细优质绒山羊群体（母羊平均绒细度14.50 μm以下，伸直长度7 cm以上，产绒量650 g以上），生产优质羊绒原料，提高绒山羊畜群资源开发水平。构建高效实用的超细绒山羊繁育技术模式，解决绒山羊养殖效益低、繁殖率低和种羊培育成本高的生产瓶颈。提升绒山羊产业科技含量，转变畜牧业生产方式，积极发展生态型、效益型农牧业，把绒山羊产业做大做强，为振兴内蒙古羊绒产业提供技术支撑。

一、超细绒山羊选择标准

1. 外貌特征

全身绒毛纯白，双层毛被，外层为粗毛，内层为细绒，被毛白色，体格中等，体质结实，结构匀称、紧凑，背腰平直，后躯稍高；头轻小，面部清秀，鼻梁微凹，两耳向两侧展开，有前额毛和下颌须；四肢强健，蹄质坚实；公羊有扁形大角，母羊角细小，向后、上、外方向伸展；外层粗毛下垂至膝盖，体型外貌参见图7-1。

图7-1　超细绒山羊外貌特征（左图成年公羊、右图成年母羊）

2. 初生选种

选择结构匀称、无明显缺陷，单羔初生重≥2.2 kg、双羔初生重≥2.0 kg的羔羊。

3. 断奶选种

3月龄断奶时，选择被毛无杂色、结构匀称、体质健壮、断奶重（单羔公羊≥16.0 kg、单羔母羊≥13.0 kg、双羔公羊≥15.0 kg、双羔母羊≥12.0 kg）的羔羊。断奶时间不同者需进行矫正，按1日龄加减90 g计算。

4. 周岁选种

选择被毛纯白色、结构匀称、体质健壮的绒山羊个体，生产性能如表7-1所示。其中公羊测5个部位（肩部、体侧部、股部、背部和腹部），绒细度变异系数≤8%，以体侧部细度为准；母羊测体侧部。

表7-1　超细绒山羊周岁生产性能

羊别	周岁公羊	周岁母羊
产绒量/g	≥500.0	≥400.0
抓绒后体重/kg	≥30.0	≥25.0
绒厚度/cm	≥5.0	≥5.0
绒细度/μm	≤14.0	≤14.0

5. 成年选种

选择生产性能如表7-2所示的成年羊。其中公羊测5个部位（肩部、体侧部、股部、背部和腹部），绒细度变异系数≤8%，以体侧部细度为准；母羊测体侧部。

表7-2　超细绒山羊成年生产性能

羊别	成年公羊	成年母羊
产绒量/g	≥650.0	≥550.0
抓绒后体重/kg	≥40.0	≥30.0
绒厚度/cm	≥5.0	≥5.0
绒细度/μm	≤14.5	≤14.5
繁殖率	—	≥95%
年龄	≤6	≤6

二、超细绒山羊核心群生产性能统计分析

利用阿拉善白绒山羊种羊场2020—2022年的生产性能记录，分析绒细度、绒伸直长度、产绒量、抓绒后体重等经济性状。由图7-2可知，超细绒山羊育种核心群公母羊1岁绒细度均显著小于其他年龄段、2～6岁绒细度变化不明显，公羊4岁以后绒细度有变细的趋势，不同年龄段公羊的绒细度均比母羊的细；1岁公羊绒厚度明显小于其他年龄段的、2岁以后绒厚度变化不明显，不同年龄段公羊的绒厚度均比母羊的厚；公羊1～2岁产绒量增加明显，2～5岁产绒量增加逐渐变小、5岁最大，母羊1～2岁产绒量增加明显、2～6岁产绒量变化不明显，不同年龄段公羊的产绒量均比母羊的产绒量高；公羊1～2岁抓绒后体重增加明显，2～4岁抓绒后体重增加逐渐变小、4岁最大、5岁抓绒后体重回落，母羊1～2岁抓绒后体重增加明显、2～6岁产绒量缓慢增长但不明显，不同年龄段公羊的抓绒后体重均比母羊的抓绒后体重高。由超细绒山羊不同年龄生产性能变化规律可知，绒细度、绒厚度、产绒量和抓绒后体重公母羊间差异较大、1岁和其他年龄阶段差异也较大。因此，超细绒山羊生产性能变化规律应按育成公羊、成年公羊、育成母羊和成年母羊4个基本类群分别进行统计分析。

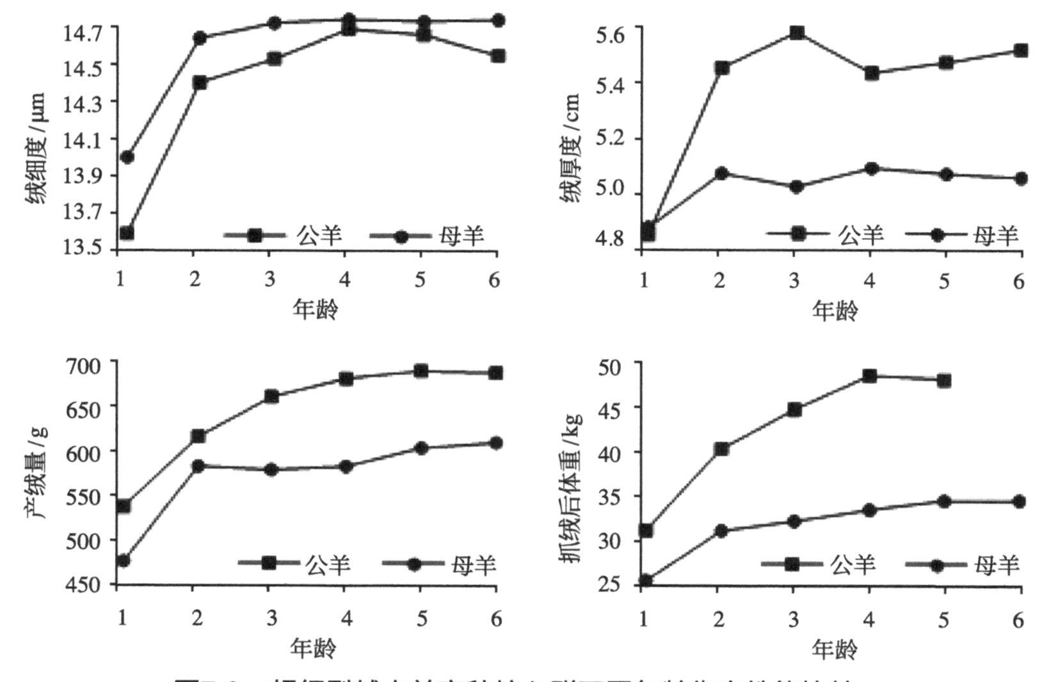

图7-2　超细型绒山羊育种核心群不同年龄生产性能比较

由表7-3可知，育成公羊和成年公羊随着选育，绒细度逐年降低；育成母羊保持在13.80 μm以下；成年母羊保持在14.50 μm以下。

表7-3　超细绒山羊育种核心群不同年份绒细度变化规律

年份	育成公羊		成年公羊		育成母羊		成年母羊	
	数量/只	平均值/μm	数量/只	平均值/μm	数量/只	平均值/μm	数量/只	平均值/μm
2020	175	$13.28^{a}\pm0.74$	30	$14.50^{a}\pm0.55$	261	13.78 ± 0.61	748	14.53 ± 0.62
2021	178	$12.73^{ab}\pm0.89$	30	$14.42^{a}\pm0.86$	260	13.37 ± 0.61	749	14.37 ± 0.68
2022	174	$12.43^{b}\pm0.68$	23	$13.71^{b}\pm1.03$	259	13.59 ± 1.01	772	14.46 ± 0.96

注：不同小写字母表示不同年份间数据呈显著性差异（P<0.05），下同。

由表7-4可知，随着选育的进行，超细绒山羊育种核心群不同类群的绒伸直长度变化不显著。成年公羊绒伸直长度保持在8 cm以上，成年母羊绒伸直长度保持在7 cm以上。

表7-4　超细绒山羊育种核心群不同年份绒伸直长度变化规律

年份	育成公羊		成年公羊		育成母羊		成年母羊	
	数量/只	平均值/cm	数量/只	平均值/cm	数量/只	平均值/cm	数量/只	平均值/cm
2020	175	7.31 ± 0.90	30	8.41 ± 0.91	261	7.29 ± 0.81	748	7.31 ± 0.61
2021	178	8.00 ± 0.72	30	8.70 ± 0.96	260	7.20 ± 0.66	749	7.20 ± 0.75
2022	174	6.86 ± 0.63	23	8.43 ± 0.58	259	6.80 ± 0.46	772	7.23 ± 0.68

由表7-5可知，育成公羊和育成母羊产绒量均保持在600 g以上，2022年成年公羊产绒量保持在750 g以上，成年母羊产绒量保持在650 g以上。

表7-5　超细绒山羊育种核心群不同年份产绒量变化规律

年份	育成公羊		成年公羊		育成母羊		成年母羊	
	数量/只	平均值/g	数量/只	平均值/g	数量/只	平均值/g	数量/只	平均值/g
2020	175	626.19 ± 152.56	30	704.23b ± 123.03	261	613.89 ± 151.93	748	$620.14^{b}\pm133.63$
2021	178	667.60 ± 136.46	30	785.56a ± 123.03	260	621.29 ± 133.89	749	$680.65^{a}\pm162.09$
2022	174	608.51 ± 135.80	23	766.67a ± 147.16	259	604.78 ± 130.07	772	$685.17^{a}\pm145.51$

由表7-6可知，育成公羊抓绒后体重保持在36 kg以上；成年公羊抓绒后体重保持在50 kg以上，且逐年提高；育成母羊抓绒后体重保持在25 kg以上，成年母羊抓绒后体重保持在34 kg以上。

表7-6　超细绒山羊育种核心群不同年份抓绒后体重变化规律

年份	育成公羊		成年公羊		育成母羊		成年母羊	
	数量/只	平均值/kg	数量/只	平均值/kg	数量/只	平均值/kg	数量/只	平均值/kg
2020	175	36.66 ± 3.93	30	48.61 ± 6.82	261	26.78 ± 2.51	748	32.78 ± 4.10
2021	178	39.89 ± 3.67	30	52.44 ± 8.00	260	27.90 ± 2.99	749	35.72 ± 5.09
2022	174	36.21 ± 3.56	23	52.02 ± 4.92	259	25.71 ± 2.30	772	34.30 ± 5.22

通过持续选育，超细绒山羊育种母羊和成年母羊绒细度显著降低，成年母羊的产绒量有了显著提高，一定程度上突破了细度降低又要提高产绒量的技术瓶颈，取得显著进展。下一步将加大选留强度和选种选配，继续提高绒山羊的综合生产性能。

三、超细绒山羊产绒性状遗传参数估计

收集了阿拉善绒山羊种羊场2013—2022年的系谱信息及有关绒性状的记录113312条。对数据进行质控，剔除“平均值 ± 3倍标准差”的异常值后，获得有关绒性状的记录10581条（图7-3）。

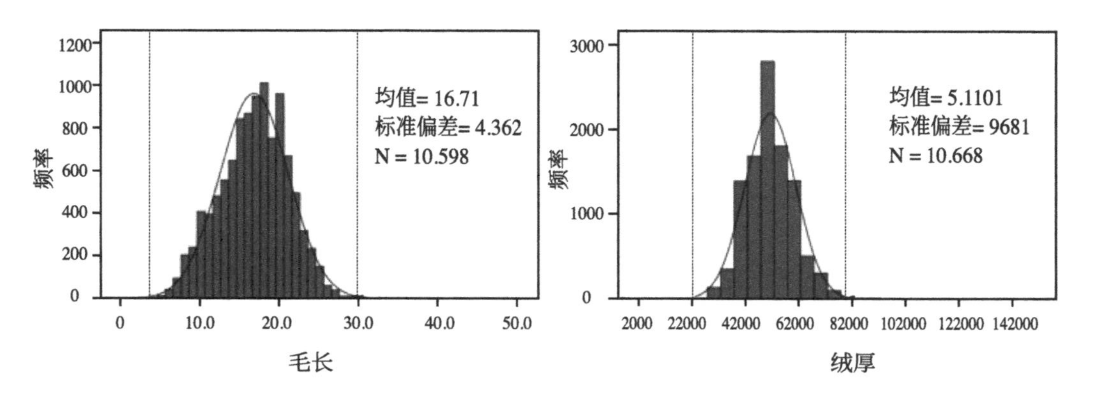

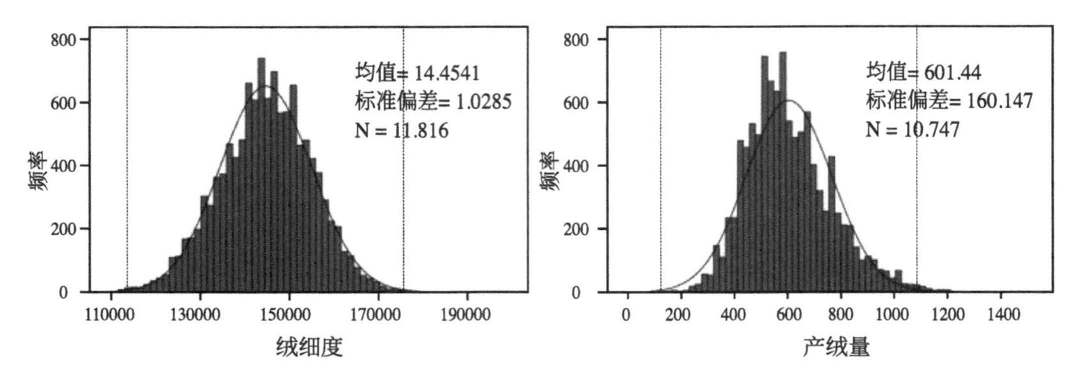

图7-3　内蒙古白绒山羊绒性状表型频率分布图

注：图中的虚线从左至右分别为平均值-3倍标准差、平均值、平均值+3倍标准差。

1. 模型建立

使用约束最大似然法（REML）对绒性状（毛长、绒厚、绒细度和产绒量）进行模型拟合，模型考虑固定效应、个体加性效应、母体遗传效应和母体永久环境效应，模型1～5如下：

模型1：$Y=X\beta+Za+e$

模型2：$Y=X\beta+Za+W_m+e$

模型3：$Y=X\beta+Za+W_m+Cov(a,m)+e$

模型4：$Y=X\beta+Za+Q_c+e$

模型5：$Y=X\beta+Za+W_m+Q_c+e$

其中，Y：为个体性状的观察值向量；β：为固定效应向量；a：为加性遗传效应向量；m：为母体遗传效应向量；c：为母体永久环境效应向量；e：为残差效应向量；X，Z，W，Q：分别是固定效应、加性遗传效应、母体遗传效应和母体永久环境效应的结构矩阵；A：为分子亲缘关系矩阵。模型假设：观测值的期望值等于固定效应的期望值，各随机效应的期望值为0。每一模型的基本假设调节：观测值的期望值等于固定效应的期望值$E(y)=X\beta$；各随机效应的期望值为0；$E(a)=E(m)=E(c)=0$；加性遗传方差：$Var(a)=A\sigma_a^2$；母体遗传方差：$Var(m)=A\sigma_m^2$；母体永久环境效应方差：$Var(p)=I_c\sigma_c^2$；残差效应方差：$Var(e)=I_e\sigma_e^2$；I_c和I_e分别是永久环境效应和残差效应对应的单位矩阵；个体加性遗传和母体加性遗传效应的协方差：$cov(a,m')=A\sigma_{am}$；除此之外，不同随机效应间的协方差为$Cov(a,c')=C(a,e')=0$。

2. 模型检验

计算每个模型的似然值，且将复杂模型与简单模型进行检验，判断模型之间是否显著，如果显著则选择复杂模型，反之选择简单模型。似然比公式如下：

$$LR=\frac{-2(LogL_2-LogL_1)}{df}$$

其中，$LogL_2$为复杂模型的似然函数值；$LogL_1$为简单模型的似然函数值；df为两个模型参数数量的差值。

遗传参数估计：建立最佳多性状动物模型，用于估计各性状间的遗传参数，使用模型如下：

$$y_i=X_i b_i+Z_i a_i+W_i p_i+e_i$$

其中，y_i是第i^{th}个性状的观测值；b_i是第i^{th}个性状的固定效应；a_i是第i^{th}个性状的加性效应；p_i是第i^{th}个性状的母体效应；e_i是第i^{th}个性状的残差效应；X_i、Z_i、W_i是相信效应的相关矩阵。

3. 表型统计分析

阿拉善绒山羊绒性状表型统计量见表7-7。其中毛长、绒厚、绒细度和产绒量的平均值分别为：16.73 cm、5.11 cm、14.45 μm、601 kg。毛长、绒厚、绒细度和产绒量的变异系数分别为0.26、0.17、0.07和0.26，其与绒细度的变异系数0.07相比差异较大。

表7-7　绒性状数据的描述性统计

性状	观察值数	平均值	标准差	变异系数/ %	最小值	最大值
毛长	10581	16.70	4.32	0.26	4.00	29.00
绒厚	10634	5.10	0.89	0.17	2.50	8.00
绒细度	11777	14.46	1.01	0.07	11.37	17.53
产绒量	10680	589.07	150.46	0.26	130.00	1080.00

4. 固定效应的确定

固定效应方差分析结果显示，测定年份、母羊年龄、体长对所有性状均有极显著的影响（P<0.001）；且体高和胸围对毛长无显著影响（P>0.05），群别对绒厚无显著影响（P>0.05），体重对绒细度无显著影响（P>0.05），性别和体高对产绒量无显著影响（P>0.05），详见表7-8。

表7-8　固定效应对每个绒性状的影响

性状	测定年份	群别	母羊年龄	性别	体重	体高	体长	胸围
毛长	***	***	***	***	***	ns	***	ns
绒厚	***	ns	***	***	***	***	***	***
绒细度	***	***	***	***	ns	***	***	***
产绒量	***	***	***	ns	***	ns	***	***

注：***：P<0.001；**：P<0.01；*：P<0.05；ns：P>0.05。

5. 通过 LRT 检验模型

5种模型比较所得到的LRT值及χ^2检验的差异显著性如表7-9所示。Mod 1至Mod 3之间的模型比和Mod 5与Mod 2的比较确定母体遗传效应，Mod 4与Mod 1比较确定母体永久环境效应。对于毛长、绒细度和产绒量等性状，Mod 2、Mod 3与Mod 1和Mod 5与Mod 2、Mod 4相比结果均表现极显著（P<0.001），因此，对于毛长、绒细度和产绒量等性状的最佳模型为Mod 5。对于绒厚，仅Mod 2、Mod 3与Mod 1相比，存在显著性（P<0.001），因此性状绒厚的最佳模型为Mod 3。

表7-9　绒性状的似然比

性状	毛长	绒厚	绒细度	产绒量
Mod2：Mod1	0.000^{***}	0.008^{***}	0.000^{***}	0.000^{***}
Mod3：Mod1	0.000^{***}	0.008^{***}	0.000^{***}	0.000^{***}
Mod4：Mod1	0.000^{***}	0.500	0.000^{***}	0.000^{***}
Mod5：Mod2	0.000^{***}	0.500	0.000^{***}	0.333^{**}
Mod5：Mod4	0.000^{***}	0.500	0.000^{***}	0.000^{***}
最优模型	Mod5	Mod3	Mod5	Mod5

6. 遗传力估计

表7-10展示了绒性状最佳模型的方差组分和遗传力。结果表明，超细绒山羊绒性状毛长、绒厚、绒细度和产绒量的总遗传力分别为0.520、0.136、0.337和0.264，属于中等遗传力。毛长的总遗传力为0.520，属于高遗传力性状。毛长、绒细度和产绒量的加性遗传力为0.565、0.373和0.304，母体遗传力为0.166、0.149和0.181，母体永久环境效应的遗传力为0.000、0.000和0.000；绒厚的加性遗传力为0.139，母体遗传力为0.024。

表7-10　方差分量和遗传力估计

性状	毛长	绒厚	绒细度	产绒量
模型	Mod5	Mod3	Mod5	Mod5
σ_a^2	11.297	0.137	0.262	5748.578
σ_m^2	1.729	0.021	0.077	2910.811
σ_c^2	0.001	—	0.000	0.018
σ_e^2	8.699	0.844	0.440	13136.660
h^2	0.565	0.139	0.373	0.304
m^2	0.166	0.024	0.149	0.181
c^2	0.000	—	0.000	0.000
h_T^2	0.520	0.136	0.337	0.264

注：σ_a^2：直接加性遗传方差；σ_m^2：母体遗传效应方差；σ_c^2：母体永久环境效应；σ_e^2：剩余方差；h^2：加性遗传力；m^2：母体遗传力；c^2：σ_c^2/σ_p^2；h_T^2：总遗传力。

超细绒山羊产绒性状受测定年份、群别、母羊年龄、性别等非遗传因素影响。毛长、绒细度和产绒量等性状的最佳遗传评估模型包括固定效应、加性遗传效应、母体遗传效应、母体永久环境效应和残差效应；绒厚的最佳遗传评估模型包括固定效应、加性遗传效应、母体遗传效应、加性遗传和母体遗传效应的协方差和残差效应。超细绒山羊绒性状毛长、绒厚、绒细度和产绒量的总遗传力分别为0.520、0.136、0.337和0.264，属于中等遗传力；毛长的总遗传力为0.520，属于高遗传力性状。

第四节　高繁绒山羊选育

鄂尔多斯市伊金霍洛旗敏盖绒山羊是目前内蒙古唯一实现且能适应全舍饲圈养的绒山羊种群，与其他绒山羊相比具有产绒量高、产羔率高、肉质优的种群优势（目前成年母羊平均产绒量≥1000 g，平均体重≥45 kg，繁殖率≥180%。成年公羊平均产绒量≥1200 g，平均体重≥60 kg），具有很高的市场竞争力和品牌知名度，其产绒、产肉性能达到全国领先水平。截至目前，伊金霍洛旗已建成大型绒山羊标准化养殖园区6个、育种龙头企业2个，注册成立生产者协会及合作社6个、绒肉产品开发企业3家，现有养殖户8000户，全旗舍饲养殖敏盖绒山羊达32.50万只。累计输出种羊16万余只。2021年绒山羊产业总产值达4.20亿元，占农业总产值的70%。当前羊绒价格波动较大且消费放缓，而山羊肉需求持续增长的市场环境下，在保持大部分绒山羊一定产绒性能的前提下进一步提高繁殖和产肉性能，重点向肉用方向发展，是提高绒山羊养殖效益的一个有效途径。因此，不仅要培育超细绒山羊新品种，开发高档羊绒产品，引领羊绒产业向高端精品发展，更要开展高繁绒山羊新品种培育及优质绒肉产品开发研究。

一、高繁绒山羊选择标准制定

1. 外貌特征

全身绒毛纯白，双层毛被，外层为粗毛，内层为细绒，产绒量高，绒长而密且生长期长，体格大，体质结实，结构匀称，胸宽而深，背腰平直，四肢端正，蹄质坚实，耳斜立，额顶有长毛，颌下有髯。公羊角粗大、向后弯，母羊角向后上方或前方捻曲翘立，尾短而小，向上翘立，体型外貌参见图7-4。

图7-4　高繁绒山羊外貌特征（左图成年公羊、右图成年母羊）

2. 初生选种

羔羊出生时，选择羔羊结构匀称，单羔初生重大于2.2 kg、双羔初生重大于2.0 kg，公羊选留80%，母羊选留90%。达不到指标或有其他缺陷者淘汰。

3. 断乳选种

羔羊3月龄断奶时，选择被毛无杂色、结构匀称、体质健壮、断乳重（单羔公羊≥16.0 kg、单羔母羊≥13.0 kg、双羔公羊≥15.0 kg、双羔母羊≥12.0 kg），公羊选留50%，母羊选留80%。达不到指标或有其他缺陷者淘汰。断乳重过大或过小者需进行矫正，按1日龄加减90 g计算。

4. 周岁选种

周岁鉴定时，选择被毛纯白色、结构匀称、体质健壮、生产性能如表7-11所示，其中每只公羊5个部位（肩部、体侧部、股部、背部和腹部见图7-4）绒细度变异系数≤10%。

表7-11　高繁绒山羊周岁生产性能及留种率

羊别	产绒量/g	抓绒后体重/kg	绒伸直长度/cm	绒细度/μm	留种率
周岁公羊	≥1000.0	≥45.0	≥8.0	≤15.5	50%
周岁母羊	≥800.0	≥35.0	≥8.0	≤15.5	80%

5. 成年羊选种

内蒙古绒山羊成年后，种羊每年都需要测定生产性能，对身体有缺陷、顽疾、生产性能较低的个体进行淘汰。选择被毛纯白色、结构匀称、体质健壮、生产性能如表7-12所示，其中每只公羊5个部位（肩部、体侧部、股部、背部和腹部）绒细度变异系数≤10%。

表7-12　高繁绒山羊成年生产性能

羊别	产绒量/g	抓绒后体重/kg	绒伸直长度/cm	绒细度/μm	繁殖率	年龄
成年公羊	≥1800.0	≥60.0	≥10.0	≤16.5	—	≤6
成年母羊	≥1200.0	≥50.0	≥10.0	≤16.5	≥180%	≤6

二、多胎绒山羊繁殖性状遗传参数的估计

基于多胎绒山羊核心繁殖性能记录、出生记录和系谱记录分析，估计了多胎绒山羊繁殖性状遗传参数。BLUP分析的实质是将性状表型值表示成固定效应、随机效应和随机残差建立模型进行线性组合，在同一个估计方程组中既完成固定效应的估计，又能实现随机遗传效应的预测，同时满足预测的无偏性和预测误差方差最小（最佳）两个条件。本研究使用ASreml软件分析不同出生年份、群别等对妊娠天数、胎型、断乳重、初生重的影响。所使用的固定效应模型为：

$$y_{ijklmnw}=\mu+Y_i+H_j+A_k+D_l+T_m+R_n+F_w+e_{ijklmnw}$$

其中，$y_{ijklmnw}$ 为个体观察值；μ 为平均值；Y_i 为测定年份；H_j 为群别效应；A_k 为羔羊性别；D_l 为母羊年龄；T_m 为母羊胎次；R_n 为出身年份；F_w 为出生月份；$e_{ijklmnw}$ 为残差效应。

1. 建立繁殖性状动物模型

利用ASreml软件对繁殖性状进行遗传参数估计，把对性状具有显著影响的固定效应放入模型中，使用单性状动物模型分别对不同的繁殖性状进行遗传参数估计，所使用的动物模型为：

模型1：$Y=X\beta+Za+e$

模型2：$Y=X\beta+Za+W_m+e$

模型3：$Y=X\beta+Za+W_m+Cov(a,m)+e$；$cov(a,m')=A\sigma_{am}$

模型4：$Y=X\beta+Za+Q_c+e$

模型5：$Y=X\beta+Za+W_m+Q_c+e$

模型6：$Y=X\beta+Za+W_m+Q_c+Cov(a,m)+e$；$cov(a,m')=A\sigma_{am}$

其中，Y 为个体性状的观察值向量；β 为固定效应向量；a 为加性遗传效应向量；m 为母体遗传效应向量；c 为母体永久环境效应向量；e 为残差效应向量；X，Z，W，Q 分别是固定效应、加性遗传效应、母体遗传效应和母体永久环境效应的结构矩阵；A 为分子亲缘关系矩阵。每一模型的基本假设调节：观测值的期望值等于固定效应的期望值$E(y)=X\beta$；各随机效应的期望值为0；$E(a)=E(m)=E(c)=0$；加性遗传方差：$Var(a)=A\sigma_a^2$；母体遗传方差：$Var(m)=A\sigma_m^2$；母体永久环境效应方差：$Var(p)=I_c\sigma_c^2$；残差效应方差：$Var(e)=I_e\sigma_e^2$；I_c 和I_e 分别是永久环境效应和残差效应对应的单位矩阵；个体加性遗传和母体加性遗传效应的协方差：$cov(a,m'$

$)=A\sigma_{am}$；除此之外，不同随机效应间的协方差为0，$Cov(a,c')=C(a,e')=0$。

LRT 检验及选择模型： 通过对各模型似然函数的估计值计算，发现某个效应是否应该加入模型，即该效应对表型值的影响是否达到显著性。可将复杂模型的似然函数最大值与简单模型的似然函数最大值进行比较。经检验达到显著水平，复杂模型将会被用于参数估计，反之则选择简单模型。在动物遗传评估模型的选择中得到了广泛的应用。似然比公式如下：

$$LR=\frac{-2(LogL_2-LogL_1)}{df}$$

其中，$LogL_2$ 为复杂模型的似然函数最大值；$LogL_1$ 为简单模型的似然函数最大值；df 为两个模型参数数量的差值。

多性状模型估计遗传参数：根据单性状确定的固定效应和随机效应，建立最优的多性状动物模型，估计性状间的遗传相关，多性状动物模型如下：

$$y_i=X_i b_i+Z_i a_i+W_i p_i+e_i$$

其中，y_i 是第i^{th}个性状的观测值；b_i 是第i^{th}个性状的固定效应；a_i 是第i^{th}个性状的加性效应；p_i 是第i^{th}个性状的母体效应；e_i 是第i^{th}个性状的残差效应；X_i、Z_i、W_i 是相信效应的相关矩阵。观察值和随机效应的期望值和方差如下：

$E(y_i)=X_ib_i$，$E(a_i)=E(e_i)=E(p_i)=0$，$Var(a_i)=A\sigma_a^2$，$Var(p_i)=A\sigma_a^2$，$Var(e_i)=I_e\sigma_a^2$。

2. 固定效应的确定

通过对年份、群别、性别、母羊年龄、母羊胎次、配种年份和配种月份的数据中的各个性状进行显著性检验。表7-13显示，群别和配种月份对所有性状均有显著影响（$P<0.05$），应放在模型中作为固定效应；性别对初生重、断乳重等有极显著影响（$P<0.001$），对窝产高数和妊娠期影响不显著；母羊年龄、母羊胎次和配种年份对妊娠期影响不显著，对其他性状有极显著影响（$P<0.001$）。

表7-13　固定效应对每个性状的影响

性状	年份	群别	性别	母羊年龄	母羊胎次	配种年份	配种月份
初生重	ns	$P<0.001$	$P<0.001$	$P<0.001$	$P<0.001$	$P<0.001$	$P<0.001$
出生窝重	$P<0.001$	$P<0.05$	ns	$P<0.001$	$P<0.001$	$P<0.001$	$P<0.001$
断乳重	$P<0.001$	$P<0.001$	$P<0.001$	$P<0.001$	$P<0.001$	$P<0.001$	$P<0.001$
断乳窝重	$P<0.001$	$P<0.001$	ns	$P<0.001$	$P<0.001$	$P<0.001$	$P<0.001$
窝产羔数	$P<0.001$	$P<0.001$	ns	$P<0.001$	$P<0.001$	$P<0.001$	$P<0.001$
妊娠期	ns	$P<0.001$	ns	ns	ns	ns	$P<0.05$

3. 最优模型建立

根据分析，模型6与模型3的模型似然值相比影响不显著（$P>0.05$），说明模型中母体永久环境效应不显著；模型3中包含与模型2的模型似然值相比影响不显著（$P>0.05$），说明直接加性效应和母体遗传效应的互作影响不显著；模型2与模型1的模型似然值相比影响显著（$P<0.05$），说明母体效应影响显著。因此，基于似然比检验（LRT），模型2最合适分析内蒙古白绒山羊（阿拉善型）的繁殖性状。

4. 遗传力估计

采用REML法估计了内蒙古白绒山羊繁殖性状的方差组分和遗传力。由表7-14可知，内蒙古白绒山羊繁殖性状中，初生重、初生窝重、断乳重、断乳窝重、窝产羔数和妊娠期的遗传力分别为0.12、0.16、0.29、0.12、0.09和0.32。其中，初生窝重、断乳重和断乳窝重属于中等遗传力（$0.1\leqslant h^2\leqslant 0.3$），初生重、窝产羔数和妊娠期属于高遗传力性状（$h^2>0.3$）。

表7-14　方差分量和遗传力的估计

性状	σ_a^2	σ_q^2	σ_e^2	h_T^2	SE of h_T^2
初生重	0.021	0.039	0.119	0.12	0.031
初生窝重	0.083	0.054×10^{-5}	0.429	0.16	0.023
断乳重	2.225	0.665	4.782	0.29	0.021
断乳窝重	23.909	0.076×10^{-6}	17.112	0.12	0.025
窝产羔数	0.014	0.052	0.091	0.09	0.023
妊娠期	2.068	1.241	3.128	0.32	0.052

注：σ_a^2直接加性遗传方差；σ_q^2=母体效应方差；σ_e^2：剩余方差；h_T^2直接遗传力；SE of h_T^2：直接遗传力的标准差。

各繁殖性状间的表型相关和遗传相关属于中等偏高相关（表7-15），其中出生重与出生窝重、断乳重、断乳窝重、妊娠期呈正相关，与窝产羔数呈负相关，窝产羔数与出生重、断乳重、妊娠期呈负相关，与出生窝重和断乳窝重呈正相关。由此可见，母羊（胎）产羔数多的其羔羊初生个体重小，而断奶重和初生窝重大。

表7-15　不同性状间的表型相关、遗传相关及各性状遗传力

性状	出生重	出生窝重	断乳重	断乳窝重	窝产羔数	妊娠期
出生重	0.12 ± 0.031	0.64 ± 0.06***	0.57 ± 0.064***	0.01 ± 0.086***	0.46 ± 0.042***	0.37 ± 0.059***
出生窝重	0.14 ± 0.014***	0.16 ± 0.023	0.13 ± 0.091**	0.72 ± 0.072***	0.63 ± 0.049***	0.06 ± 0.072
断乳重	0.42 ± 0.014***	0.02 ± 0.014**	0.29 ± 0.021	0.59 ± 0.058***	0.36 ± 0.062***	0.18 ± 0.086
断乳窝重	0.19 ± 0.015***	0.68 ± 0.011***	0.21 ± 0.015***	0.12 ± 0.025	0.57 ± 0.046***	-0.25 ± 0.087**
窝产羔数	0.45 ± 0.013***	0.25 ± 0.015***	0.30 ± 0.016***	0.26 ± 0.015***	0.09 ± 0.023	0.21 ± 0.052***
妊娠期	0.25 ± 0.016***	0.12 ± 0.015	0.45 ± 0.020	0.46 ± 0.016***	0.17 ± 0.017***	0.32 ± 0.052

注：对角线为遗传力，上三角为表型相关，下三角为遗传相关。

由以上分析可知，内蒙古白绒山羊初生重、初生窝重、断乳重、断乳窝重和窝产羔数的遗传力均属于低遗传力及其该性状的限制性表达，表明繁殖性状的变异主要由环境因素造成，直接对繁殖性状进行选择获得的遗传进展比较缓慢，且对繁殖性状进行选择时，需要大量的试验记录才能达到一定的选择准确性。此外，所有的性状不但受母体效应的影响，而且受到牧场饲养管理和营养条件等影响。因此要提高群体的繁殖率，需要选择优秀的种母畜。

第八章　内蒙古羊绒产业发展分析

羊绒产业涉及畜牧业领域和纺织产品加工领域，是它们的有机结合体，是我国在世界上具有优势的少数产业之一。依靠天然草场资源的巨大优势，内蒙古已经是羊绒产量供给和羊绒加工生产的重要产业基地，同时在羊绒制品出口上，也是主要出口产区。然而，内蒙古虽然是羊绒主产区和羊绒制品加工的重要基地，但是品牌的国际影响力和产业的加工生产效益却没有得到充分的发挥和展现。在天然草场资源保护与羊绒产量增长、羊绒产业结构、山羊绒的供求与价格、羊绒制品的生产与销售等方面，一直存在着许多矛盾和问题。在此背景下，有必要对内蒙古的羊绒产业进行分析，运用理论联系实际的方法，审慎地辨析羊绒产业的现状和存在的问题，通过对羊绒产业的现状和存在问题的研究，分析问题存在的原因，同时找出内蒙古羊绒产业的优势和机会，提出对内蒙古羊绒产业发展有帮助的建设性意见和策略，指导内蒙古羊绒产业朝着更好的方向发展。

第一节　内蒙古羊绒产业概况

一、内蒙古羊绒产业的发展过程

内蒙古羊绒加工业起步于20世纪70年代，这之前，我国还没有掌握对山羊绒加工生产并制造出山羊绒成品的加工技能，而当时我国都只是原绒的出口，并且价格非常低，羊绒加工技术还掌握在外国人的手里。20世纪70年代我国山羊绒的发展进入一个崭新的历史阶段，不再只是单一的原绒出口，而是可以对山羊绒进行初加工后再出口。

内蒙古羊绒产业的发展历程可以概括为四个不同的发展阶段，第一个阶段是在1984年以前。这个阶段羊绒的购买和销售等经营环节和羊绒及羊绒制品的流通等管理环节都是按照统一的计划经营管理的；第二个发展阶段是1984年10月以后。这一时期是改革开放发展的新时期，人们的消费水平逐渐提升，更加注重着装。又由于羊绒产品的优良特性，这一系列刺激生产的要素使羊绒产业不再只停留在羊绒的初加工上面，而是开始由初、粗加工向深、精加工发展；第三个阶段是由供销社独家经营时期。这一时期基本有效地杜绝了羊绒掺杂掺假现象，质量也有所保证；第四个阶段是我国全面进入改革开放时期，也是内蒙古羊绒产业发展更为迅猛的时期。直至1995年以后，东南亚的金融危机波及我国，且我国羊绒制品出口配额受到了国际条例的制约，同时又由于之前抢拼原料而使企业大量库存积压的缘故，羊绒价格逐渐回落。来到2000年，由于国外市场的需求增多和国内市场的人为炒作，再加上为了保护草原植被和北方干旱造成羊绒产量减少等原因，羊绒价格一度上涨至每千克530元，这种上涨的价格趋势并没有维持多久，直到2001年，我国羊绒及羊绒制品的出口数量大幅度减少，羊绒的价格开始有回落趋势。

二、内蒙古羊绒产业的地位

内蒙古是全世界羊绒的主要来源地之一，也是我国羊绒产业发展最为繁荣的地区之一。经过近30年的发展，已形成了较为完整的羊绒产业体系，在羊绒产业世界性格局中占有一席之地，就羊绒产量和品质而言，都是无可挑剔的。内蒙古具有天然草场资源的巨大优势是其他省区无法比拟的，在世界上也是屈指可数。全区无论是山羊绒的年产总量，还是羊绒制品的加工数量，在全世界都是遥遥领先的。总之，山羊绒是内蒙古的一大宝贝，充分发挥羊绒产业资源的优势也会带动内蒙古经济的发展。因此山羊绒及山羊绒加工业一度被认为是内蒙古最具竞争力的行业。内蒙古羊绒产业的发展离不开各大羊绒企业的共同努力。内蒙古羊绒企业的规模和年产值在全国处于领先的地位。

三、内蒙古羊绒企业发展现状

根据内蒙古羊绒加工企业的经营形式不同和企业规模的大小，大致可以把羊绒企业分为三类。第一类企业是走大型企业的发展路线，但这需要大量的资金和成本，所以在众多企业中占很小的比例，大约只有5%。第二类羊绒企业的规模大小属于中型大小的企业，并没有完整的产业链结构，其中一些环节由于缺少专业的设备是不能够进行的，需要依赖于购买其他厂家的产品或设备进行再加工生产。其生产的产品质量由于检验设备的限制和检验指标的不全面而无法有保障。第三类羊绒企业的规模属于小型加工企业。这类企业由于所需的成本不高，个体只需要投入很少的资金，购买数量很少的加工生产设备就可以运转，虽订单不稳定，产品销路不广泛，但相对比较自由，做小订单加工生意。所以这类企业占羊绒加工企业的一半以上。由于数量众多，加工生产没有规律，很难对其进行有效的监管。

第二节　内蒙古羊绒产业的发展优势

一、自然环境优势

内蒙古地处中国北疆，位于北纬37°～54°，平均海拔1000 m左右。东部草原宽广，草原上生长的植物种类繁多，适宜于喂养牲畜的植物有上百种，不仅孕育出了优良的山羊品种，还孕育出了很多其他优良的动物品种，如三河牛、三河马等。西部戈壁、沙漠面积较大，该地区干旱少雨，草场植被稀疏，但植被的营养成分很高，适宜山羊的生长，但不适合绵羊和牛等牲畜的养殖。从东北向西南跨湿润—干旱4个干湿区，季风仅影响东南部边缘的狭长地带，主要为温带大陆性气候，冬季严寒，夏季温暖。高纬度和高海拔以及冬季严寒的气候条件，使内蒙古羊绒纤维的品质一直处于世界前列。

二、资源优势

内蒙古绒山羊遗传资源丰富多样，是绒山羊存栏量和产绒量均居首位的优势产区。2022年内蒙古统计局数据表明，内蒙古绒山羊存栏1512.1万只，羊绒产量达到6049.93 t，约占全国羊绒产量的41%，山羊存栏和羊绒产量都位居全国第一，其优良的绒品质享誉国内外。经过几十年产区人民和畜牧科技人员的辛勤工作，内蒙古成功培育的“内蒙古白绒山羊”（阿拉善型、阿尔巴斯型、二郎山型）、“乌珠穆沁白绒山羊”“罕山白绒山羊”3个品种，主要分布于内蒙古西部、中部、东部8个盟市。形成了三大主要羊绒生产基地，构成了西部优质山羊绒产区和中东部优势山羊绒产区两大主产区。

三、政策体制优势

内蒙古作为少数民族自治区，享有国家给予的许多优惠政策。如内蒙古是我国西部大开发的对象，西部大开发可以加强内蒙古与其他省区的交流和联系，可以充分发挥羊绒产业的各方面优势，吸纳外省的资金和技术投入内蒙古羊绒产业建设中来。草原荒漠化不断扩大的紧迫趋势下，退牧还草政策的实施极大地改善了草原的生态环境。在原绒出口方面，我国的出口退税率降低，虽然从短期来看，对内蒙古羊绒企业出口造成很大的压力，但是从长期发展的眼光看，这项政策可以使内蒙古对羊绒资源形成垄断优势，也利于提高羊绒出口价格，提升在国际市场上的竞争力。

四、加工规模优势

内蒙古羊绒产业发展至今已经拥有一批规模较大的羊绒企业。这些企业无论生产加工能力还是产业技术都已经具有国际先进水平，并且有完整的产业链结构。鄂尔多斯羊绒集团已经成为世界羊绒产业中最大生产企业，拥有国际先进生产设备，并且建有自己的新产品研发实验室，努力将自己的品牌推向国际市场，使之占有一席之地。鄂尔多斯羊绒集团在同行业中的领先优势进一步扩大，集团新区鄂尔多斯市罕台工业园区占地面积一期为2900亩；集团搬迁后，将淘汰部分落后产能设备，补充当前国际先进水平的生产设备约12亿元人民币。

五、产品优势

近几年，人们对穿着越来越在乎，追求越来越高，简单传统的羊绒衫已经不符合人们审美的需要，颜色、款式的流行才能刺激羊绒产品的消费。所以新产品的开发是企业发展的不竭动力。国内外企业开发出了大量的新产品，在羊绒衫的产品开发上就研发出几个系列，如毛绒混纺衫、纺羊绒素衫、电脑提花衫等。内蒙古羊绒企业研发的羊绒制品不但在花色、外观上积极创新，而且也在努力研发功能性羊绒制品。内蒙古在不断地提高自己的产品优势，进一步希望将产品优势转化为品牌优势。

六、需求优势

一直以来，国内外市场对羊绒制品的消费都维持在很高的水平上的。内蒙古的羊绒制品一直以来都以出口为主，且羊绒制品的出口量逐年上升。与此同时，国内消费者也越来越倾向于羊绒制品的购买，国内购买量也在不断提升。国际市场对羊绒制品需求旺盛，这给内蒙古羊绒产业带来了更大的发展空间，同时也有利于引进外资，缓解内蒙古地区因资金不足引起的技术、设备、管理落后的问题所带来的压力。在国内，品牌产品所占市场份额的比例越来越大，人们对羊绒制品的购买越来越倾向于品牌的选择。国内每年消费约2000万件羊绒衫，内蒙古的羊绒品牌比较受消费者的认可，鄂尔多斯、鹿王和梦特娇三个羊绒制品品牌的市场占有率分别列第一位、第二位和第三位。

第三节　内蒙古羊绒产业发展中的主要问题

一、羊绒资源生产与草原生态环境保护存在矛盾

一直以来，内蒙古畜牧业走了一条重数量、轻质量、低投入、高索取的路子，草畜矛盾日益尖锐。山羊有很强的采食能力，对植被破坏较大。山羊绒制品加工企业的不断壮大，山羊绒需求量的大幅度增加，加上山羊的养殖是大部分农牧民的收入来源等原因，山羊养殖数量的增长是必然的。山羊头数大量增加，导致许多草牧场载畜量饱和甚至超载，每只山羊占有草场的面积在下降。因此，草原生态环境被破坏是我们不得不面对的现实。草原生态环境的破坏导致草原存在较严重的退化，荒漠化使得地表干旱，植被无法生长，沙尘天气频频发生。在这种环境下，山羊很难长膘，从而产生山羊绒细度变粗，短绒率增多，白度下降等一系列问题。天然草场遭到破坏带来的严重后果已经使人们逐渐意识到在保护草原生态环境的条件下，合理发展羊绒产业的重要性。

二、产业集中程度低，产业结构不合理

由于羊绒产业专利技术少，初始资本量小，产品的差别化不明显，所以羊绒产业的进入壁垒很低。又由于羊绒企业是政府的利税大户，政府的利益和企业的利益联系到了一起，使企业的退出壁垒高，难以实现企业的优胜劣汰。所以内蒙古大大小小的企业加起来有上千家，但羊绒加工整体能力将近一半是由鄂尔多斯、鹿王等八家企业共同创造的。由此可以看出，内蒙古羊绒企业虽多，但都只是低水平的重复建设。一些有一定规模的企业生产的产品基本相同，产品缺乏创新，功能性的产品研发较少，而只是简单在花色上变来变去，产品没有市场竞争力。一些企业缺乏专业型的人才，设计师的设计水平有限，再加上获取信息渠道单一，时效性差，所设计的羊绒制品款式单一，花色品种简单，推陈出新的速度缓慢，已经无法适应市场的快速发展。

三、羊绒及其产品市场不稳定

内蒙古羊绒企业由于同质化严重，在原料、人员、国内外市场方面都不断出现恶性竞争。在开拓国外市场过程中，企业为了推销自己的产品，取得出口订单，企业只能靠低价取胜，激烈的价格大战使企业间积怨颇多，整个行业存在着信任危

机。且恶性竞相压价不但导致资源的流失，而且还会招致反倾销调查和技术性贸易壁垒等问题。市场供求的不稳定，对羊绒企业的效益和牧民的收入都有较大的影响。只有对原料的控制力足够强，才能够调整好羊绒市场上的供求关系，从而在风险来临时，不但能够抵抗危险，而且也能掌握主动权。

四、缺乏国际产品竞争力

国际产品的竞争力主要表现为产品的国际品牌影响力。品牌是一种无形资产，具有一定的垄断性和消费导向性，可以帮助企业赢得更多的消费群体。拥有品牌就意味着拥有市场，拥有市场比拥有工厂更为重要。由于在国外注册的商标太少，申请专利和技术太少，大多数企业还没学会在国际市场上营销无形资本，羊绒企业普遍缺乏现代市场营销观念，对自主知识产权和专利权的保护意识不强，品牌意识不强，从而没有形成品牌竞争力，只能依靠廉价的劳动力和资源优势。这不但使我国羊绒制品的附加值较低，而且在国际市场上认可度低，与国际知名品牌差距较大。

五、骨干企业投资方向有所改变

羊绒企业对资金的依赖程度很大，每年集中收储原绒需要大量的资金、企业的技术创新需要大量的资金，但目前行业内的资金流出的多流入的少，很多企业不愿在本领域继续投资。在企业与农牧户利益联结机制方面，由于目前企业与农牧户之间的关系还是松散的买卖关系，双方签订合同后，有些牧民会不履行合同，将羊绒卖给价高者，而个别企业有时资金不会按照合同规定按时兑现，从而使得双方彼此的信任度不高。所以企业试图通过政府来进行调节，但是政府的支持力度却不够大，而且没有向牧民做好宣传工作，帮助树立企业的形象。

六、绒山羊品种改良出现误区

近年来，鄂尔多斯、巴彦淖尔等地区的一些企业和农牧民为了追求短期利益，提高产绒量，不断引进辽宁盖州市产绒量高、绒质粗的绒山羊品种与当地优质绒山羊品种进行杂交，导致当地羊绒的白度、细度和长度发生了变化，其中最为严重的是细度变粗。现在有些地方的羊绒已酷似绵羊毛，大大影响了山羊绒优质品种产量，绒价下跌，羊绒品质的变化正在威胁着内蒙古羊绒产业的可持续发展。

七、宏观环境中的威胁

目前全球经济的失衡危及全球市场环境的稳定。尽管全球纺织品的配额取消了，但内蒙古羊绒市场的竞争压力变大了。出口的产品质量不高，出口的企业实力不强，产品附加值低的境况受到国际市场竞争的严重威胁。国际市场的进一步开放也并不意味着羊绒制品贸易的绝对自由化。与欧美国家的贸易摩擦使得它们用过渡性的保护措施来保护自己的贸易。技术性贸易壁垒对我国羊绒制品的出口已造成严重影响。中国产品质量认证体系和质量监控体系不够完善，因此发达国家能够利用这些不足，比较容易地制订针对性较强的技术壁垒来限制出口。此外，发达国家以防止破坏生态环境和人类健康为由而直接或间接采取限制，甚至禁止贸易为内容的法律、法规、政策与措施等绿色壁垒，反倾销、原产地规则、企业社会责任等也必将对内蒙古羊绒出口产生很大影响。

第四节　内蒙古羊绒产业的发展对策

一、坚持绒山羊业发展与环境可持续发展战略

羊绒产业要走可持续发展道路，生态环境保护是最根本的出发点。绒山羊养殖要向休牧、禁牧、舍饲和半舍饲方式转变，要研究不同生态环境下绒山羊营养元素的需要，充分考虑绒山羊形成生产特性以及原有环境的特点，尽量饲喂多样化的粗饲料，尤其是树叶、枝条、豆科作物茎叶、豆科牧草等。要与秸秆饲料配合饲喂，粗饲料种类越多，营养互补性越强。粗饲料质量好可减少精饲料饲喂量，符合绒山羊生理要求，有利于降低舍饲成本。

二、合理调整产业组织结构和产品结构

为了提高羊绒产业的集中度，内蒙古各地区可以结合本地实际情况，统筹考虑原料供应、交通条件、环境影响和企业招工等因素，建设纺织工业园区，形成产业集群优势。纺织工业园区的建设可以对本地区羊绒产业的发展进行良好的规划，避免低水平的重复建设和恶性竞争，同时为一些生产规模小、经营成本高的企业节约了人力、物力等资源。产品的创新需要优秀的人才，因此，企业要创造良好的科研环境，不断吸纳优秀人才，拥有自己的品牌设计师和品牌设计团队，定期选派技术人员出去进修学习，提高产品开发能力，对有贡献的员工给予鼓励。同时建立“校、企、研”合作的创新引擎，企业与高校研究所（院）通过共育科研成果，相互传送、联合培养产业人才，加快羊绒产业科技创新和产业升级步伐，使得羊绒产业向科技化发展。

三、加强羊绒市场的整顿和管理

通过法律约束、组建行业协会、实施品牌战略、加大财税政策支持力度、加强绒山羊选育，完善繁育、推广和质量检测体系等措施，加强羊绒市场的整顿和管理。制定法律和组建行业协会既有法律的强制性约束，也有行业协会的监督和规范作用。因此，通过制定行业法律和积极发挥行业协会的作用，对企业生产、销售方面加强市场监督，督促企业加强自律，起到规范羊绒市场的作用。

四、加强羊绒自主品牌的建设

发展自主品牌无疑是整个羊绒产业的生存之道。加强羊绒品牌的升级建设，打造世界级的知名品牌和更多的国内知名品牌需要内蒙古羊绒产业的共同努力。

政府要为羊绒企业品牌战略的实施给予政策支持、资金支持、法律支持等，以及一定的“政治营销”手段支持，帮助企业建立与各种金融机构的联系，帮助企业创立品牌。政府应对羊绒产业的龙头企业给予财政金融支持：一是要继续加大财税政策的支持力度；二是自治区财政对羊绒制品的研发和创新要给予一定的资金支持；三是建立羊绒专项风险基金和贴息储备制度。

五、推行绒山羊标准化养殖，提高羊绒生产标准化水平

大力推行绒山羊养殖标准化是羊绒产业持续健康发展的根本和基础。加大绒山羊养殖标准化基地建设投入，按照标准化要求建立保种、育种基地，培养优良种群，实行科学饲养，精细管理。同时按照羊绒加工企业和市场需求，组织生产适销对路的优质山羊绒。

六、参照国际模式，实行按质论价

参照国际市场上羊毛流通模式，实行按质论价拍卖制，营造公平、公正、公开透明的交易环境和竞争机制，健全市场规则，规范市场行为，尽早建立起以市场为纽带能兼顾双方利益的运行机制。尽快扭转广大养羊牧民片面追求饲养高产羊忽视保护羊绒质量的情况，要让饲养优质绒山羊的农牧民经济上不吃亏，才能促进优质绒山羊的养殖。

七、加大山羊绒公证检验力度，加强羊绒质量监督工作

依据山羊绒产业发展实际需要，推行绒毛标准化生产、公证检验制度、收储制度、经纪人制度、绒毛生产经营合作组织制度、实行净绒毛计价、质量监督、羊绒质量鉴别检验等制度，列入法律法规调整的范围，依法保护绒山羊养殖户的利益，规范流通秩序。依法加大对羊绒纤维质量违法行为的查处力度，重点查处收购、加工、销售羊绒纤维不执行标准，掺杂掺假、以假充真、以次充好的质量违法行为。推进建立羊绒质量分级制度，从钉绒、分型定等、组批包装等方面严把质量关，做强羊绒产业。绒山羊质量检测体系应该在整个自治区范围内广泛地建立，并且由专业的技术人员和高水平的检测设备构成。对绒山羊的培育建立信息管理系统，进行

优良品种的选育和优良基因的推广。建立和完善技术开发中心，增加研发投入，合理引进先进技术并进行消化、吸收和再创新。

八、加强产地羊绒市场建设，规范羊绒流通

建议建设区域性规范化羊绒交易市场，山羊原绒在市场交易或委托经纪人交易前进行分选，分型分等、规范包装、公证检验，以公证检验证书作为交易结价的依据，体现优质优价，建立引导牧民生产有市场、品质优、质量好的山羊绒提质增效机制，着力培育具有国内外影响力的羊绒价格形成和交易中心。

九、整合产业资源，提升羊绒产业竞争力

结合内蒙古实际，按照扶优扶强限劣，整合产业资源，提升羊绒产业竞争力，创造国际品牌的原则，尽快组织制定有利于羊绒产业发展的财政、税收、金融、技术改造、产品研发等方面的扶持政策，加快内蒙古羊绒资源优势向产业优势、经济优势转变，实现羊绒产业健康发展。

总之，内蒙古羊绒产业由于启动的较早，形成产能规模的时间较长，积累的问题相对较多，现阶段的压力也就比较大。高质量的可替代人造纤维的种类繁多，正逐步蚕食羊绒产品的市场份额。世界性经济危机给企业带来了诸多的不利影响，其他省市羊绒产业的快速发展也给企业带来了很大的竞争压力。市场空间有限，自主知识产权拥有率低，行业暴利不复存在，这些都是企业必须面对的现实。绒山羊养殖业将在政府、企业和养殖户三方的共同努力下，趋向于基地化舍饲养殖。在政府干预和企业自省的双重作用下，内蒙古羊绒加工能力将停止低水平的扩张，企业间的并购重组将呈现上升趋势，行业自律组织在各方的努力下也会建立。外部环境的压力将持续存在，其他省区羊绒企业的竞争力会逐步加强。内蒙古羊绒企业“走出去”的步伐加快。纺织新材料的出现会对羊绒产业产生一定的影响，消费理念的改变会影响未来羊绒行业的走向。

参考文献

白俊艳, 2002. 应用动物模型BLUP和DFREML对内蒙古白绒山羊遗传评定和遗传参数估计的研究 [D]. 呼和浩特：内蒙古农业大学.

宝梅英, 赵荷雅, 杨娇馥, 等, 2012. 内蒙古白绒山羊*IGF-IR*基因cDNA克隆及组织表达特异性分析 [J]. 生物技术通报 (4): 103-107.

董晓玲, 王洪荣, 卢德勋, 2006. 内蒙古白绒山羊的限制性氨基酸研究 [J]. 动物营养学报 (1): 26-31.

樊艳华, 孙海洲, 桑丹, 等, 2015. 不同日粮氮水平对山羊氮代谢和微生物蛋白质合成的影响 [J]. 中国畜牧杂志, 51(1): 28-32.

高原, 阿力玛, 李璐, 等 , 2016. 靶除内蒙古白绒山羊*FGF5*基因对其毛被性状的影响 [J]. 内蒙古农业大学学报(自然科学版), 37 (1): 61-65.

谷振慧, 刘月琴, 张英杰, 等, 2016. 品种和季节对绒山羊褪黑素等四种激素分泌水平的影响 [J]. 黑龙江畜牧兽医 (9): 122-124.

郭富强, 2019. 不同补饲饲料对内蒙古绒山羊种公羊生殖激素及抗氧化指标的影响 [D]. 呼和浩特: 内蒙古农业大学.

郭荣, 呼格吉乐图, 毕力格吐, 等, 2021. 舍饲和放牧模式对阿尔巴斯绒山羊血清生化指标的影响及其与绒毛品质相关性的分析 [J]. 黑龙江畜牧兽医 (17): 6-10.

国家畜禽遗传资源委员会组, 2011. 中国畜禽遗传资源志.羊志 [M]. 北京: 中国农业出版社.

华晓青, 2012. 苏尼特羊肌肉组织学特性和理化性状的研究 [D]. 呼和浩特：内蒙古农业大学.

惠太宇, 郑圆媛, 岳畅, 等, 2019. 羊绒细度候选基因靶标miRNAs筛选和鉴定 [J]. 沈阳农业大学学报, 50 (1): 19-27.

贾志海, 张微, 朱晓萍, 2009. 山羊绒生长机理及生长调控技术 [J]. 新农业 (12): 48-49.

姜怀志, 郭丹, 陈洋, 等, 2009. 中国绒山羊产业现状与发展前景分析 [J].畜牧与饲料科学, 30 (10):100-103.

金鑫, 2009. 内蒙古绒山羊生长性状的遗传分析 [D]. 呼和浩特：内蒙古农业大学.

李康, 郭天龙, 金海, 等, 2017. 能量水平对妊娠后期绒山羊养分消化率及羔羊的影响 [J]. 饲料工业, 38(13): 35-38.

李学武, 刘燕, 王瑞军, 等, 2018. 内蒙古绒山羊不同毛被类型产绒量和体重的遗传参数估计 [J]. 中国农业科学, 51 (12): 2410-2417.

李长青, 尹俊, 张燕军, 等, 2005. 内蒙古绒山羊与辽宁绒山羊皮肤毛囊周期性变化的比较研究 [J]. 畜牧兽医学报(7): 674-679.

刘斌, 勿都巴拉, 吴铁成, 等, 2018. 绒山羊光控增绒技术机理研究与应用[C]//中国畜牧兽医学会养羊学分会.2018年全国养羊生产与学术研讨会论文集.内蒙古自治区农牧业科学院.

刘海燕, 2015. Sonic hedgehog信号通路对正常角质形成细胞增殖及凋亡的影响及其分子机制 [D]. 西安: 第四军医大学.

刘海英, 杨桂芹, 张微, 等, 2009. *FGF5*基因对内蒙古绒山羊绒毛性状的影响 [J]. 遗传, 31 (2): 175-179.

刘树林, 王雪, 李胤豪, 等, 2021. 饲粮添加亚麻油和亚麻籽对绒山羊羔羊屠宰性能、器官生长发育及肉品质的影响 [J]. 动物营养学报, 33 (2): 877-887.

柳建昌, 桂荣, 赵青山, 1994. 褪黑素对内蒙阿白山羊在非生绒季节促绒生长及绒产量的影响 [J]. 动物学杂志 (3): 46-50.

罗海玲, 2022. 羊肉品质与营养调控羊肉品质与营养调控 [M]. 北京: 中国农业出版社.

梅步俊, 2006. 内蒙古白绒山羊繁殖性状的遗传规律及选择方法的研究 [D]. 呼和浩特：内蒙古农业大学.

彭玉麟, 贾志海, 卢德勋, 等, 2001. 不同无机硫对内蒙古白绒山羊消化代谢的影响 [J]. 中国农业大学学报(3): 107-112.

彭玉麟, 贾志海, 卢德勋, 等, 2002. 不同蛋白质水平的日粮对内蒙古白绒山羊消化代谢的影响 [J]. 畜牧兽医学报 (4): 321-326.

曲扬, 罗海玲, 2015, 中国羊肉市场现状与前景分析 [J]. 现代畜牧兽医(9): 56-62.

孙海洲, 侯先志, 于志红, 等, 1998. 日粮蛋白和能量水平对内蒙古阿尔巴斯白绒山羊产绒性能的影响 [J]. 内蒙古畜牧科学 (3): 5-7.

王聪亮, 李河林, 许征宇, 等, 2021. 内蒙古白绒山羊*CMTM2*基因多态性与生长性状的关联分析 [J]. 农业生物技术学报, 29 (3): 550-557.

王凤红, 2021. 山羊SNP芯片设计与内蒙古绒山羊重要经济性状全基因组关联分析及基因组选择研究 [D]. 呼和浩特：内蒙古农业大学.

王杰, 陈玉林, 2005. 中国山羊品种资源及其遗传多样性研究 [J]. 家畜生态学报 (5): 4-6.

王娜, 贾志海, 卢德勋, 等, 1999. 内蒙古白绒山羊日粮适宜氮硫比的综合评定研究 [J]. 动物营养学报 (S1): 228-235.

王瑞军, 2007. 内蒙古绒山羊LAMS育种方案的研究 [D]. 呼和浩特：内蒙古农业大学.

王玉琴, 田志龙, 施会彬, 等, 2017. 湖羊肌肉营养特点及肌纤维组织学特性 [J]. 动物营养学报, 29 (8): 2867-2874.

王真, 王敏, 李铭, 等, 2020. 内蒙古白绒山羊*GHR*和*GDF9*基因多态性及其与生产性状的相关性分析 [J]. 西北农林科技大学学报(自然科学版), 48 (3): 1-8.

魏云霞, 肖玉萍, 杨保平, 等, 2012. 河西绒山羊绒毛生长的季节性变化规律及其与生长激素关系的研究 [J]. 中国草食动物科学, 32(6): 10-13.

吴非凡, 茆建昱, 丁洛阳, 等, 2020. 影响羊肉pH变化的因素及其糖原代谢通路机制的研究进展 [J]. 动物营养学报, 32 (2): 571-577.

吴江鸿, 2011. *Hoxc13*基因在绒山羊皮肤中的表达规律及体外功能分析 [D]. 呼和浩特: 内蒙古农业大学.

吴铁成, 勿都巴拉, 何云梅, 2020, 等. 阿拉善型绒山羊超细核心群选育效果分析 [J]. 家畜生态学报, 41 (10): 35-41.

吴铁梅, 2013. 不同饲养模式对绒山羊羔羊育肥性能、屠宰性能及肉品质的影响 [D]. 呼和浩特：内蒙古农业大学.

徐冰冰, 2021. 基于多组学联合分析对内蒙古绒山羊精液抗冻性的研究 [D]. 呼和浩特：内蒙古农业大学.

徐文军, 杨博辉, 魏云霞, 等, 2008. 河西绒山羊血清中催乳素浓度季节性变化及其与山羊绒生长的相关性分析 [J]. 中国草食动物 (3): 21-22.

杨成和, 2005. 不同营养水平对内蒙古白绒山羊繁殖性能及产绒性能的影响 [D].北京: 中国农业大学.

杨敏, 2017. 绒山羊光控增绒的效果评价和机制研究 [D]. 北京: 中国农业科学院.

杨敏, 宋伸, 陈潇飞, 等, 2017. 光控对内蒙古绒山羊血液中褪黑激素和催乳素及产绒性能的影响[J]. 家畜生态学报, 38(12):24-28.

尹俊, 2004. 内蒙古绒山羊毛囊发育、生长周期及相关基因的研究 [D]. 呼和浩特：内蒙古大学.

尹俊, 李金泉, 李玉荣, 等, 2001. 内蒙古3个绒山羊品种RAPD的初步研究 [J]. 内蒙古农业大学学报(自然科学版)(2): 44-47.

于新蕾, 蔡婷, 俎红丽, 等, 2013. 胰岛素样生长因子结合蛋白3和胰岛素样生长因子结合蛋白5基因在内蒙古白绒山羊皮肤中的表达研究 [J]. 中国畜牧兽医, 40(10): 1-5.

张崇妍, 赵存, 秦箐, 等, 2022. 阿尔巴斯型和阿拉善型绒山羊绒毛性状分析 [J]. 毛纺科技, 50 (3): 42-47.

张德鹏, 2007. 世界主要绒山羊品种种质特性及种用价值比较 [J]. 干旱地区农业研究(6): 249-252.

张文广, 2004. 内蒙古绒山羊开放核心群优化育种规划的研究[D].呼和浩特：内蒙古农业大学.

张晓东, 韦玥瑞, 李科南, 等, 2022. 日粮类型对内蒙古绒山羊能量代谢的影响 [J]. 中国饲料 (9):20-24.

张燕军, 李金泉, 尹俊, 等, 2010. 内蒙古绒山羊*Hox*基因家族成员在毛囊中表达的研究 [J]. 中国畜牧兽医, 37(4): 128-130.

张治龙, 吴铁成, 李玉荣, 等, 2020. 绒山羊*ALX4*基因多态性与绒毛性状相关性分析 [J]. 农业生物技术学报, 28 (8): 1431-1440.

赵珺, 姚素云, 董亚丽, 等, 2018. 影响羊肉品质和风味的因素及提高措施 [J]. 河南农业(19): 58.

赵苗, 2008. 绒山羊6个候选基因遗传变异及其与经济性状关系研究 [D].杨凌：西北农林科技大学.

赵艳红, 2003. 利用微卫星标记分析部分山羊品种的遗传多样性 [D]. 呼和浩特：内蒙古农业大学.

甄玉国, 卢德勋, 王洪荣, 等, 2004. 内蒙古白绒山羊小肠可吸收氨基酸目标模式和消化率的研究 [J]. 动物营养学报 (2): 41-48.

周占琴, 2008.中国绒山羊业发展现状、前景与对策 [J]. 中国畜牧杂志(4): 42-45.

Bickhart D, Rosen B, Koren S, et al., 2017. Single-molecule sequencing and chromatin conformation captureenable de novo reference assembly of the domestic goat genome [J]. NatGenet, 49: 643-650.

Dong Y , Xie M, Jiang Y, 2013. Sequencing and automated whole-genome optical mapping of the genome of adomestic goat（*Capra hircus*）[J]. Nature biotechnology, 31(2):1-6.

Du X, Servin B, Womack J E, et al., 2014. An update of the goat genome assembly using dense radiation hybrid maps allows detailed analysis of evolutionary rearrangements in Bovidae [J]. BMC Genomics, 15(1):625.

Gagaoua M, Monteils V, Picard B, 2019. Decision tree, a learning tool for the prediction of beef tenderness using rearing factors and carcass characteristics [J]. Journal of the Science of Food and Agriculture, 99 (3): 1275-1283.

Kijas J W, Ortiz J S, Mcculloch R, et al., 2013. Genetic diversity and investigation of polledness in divergent goat populations using 52 088 SNPs. Animal Geneties, 44(3): 325–335.

Langbein, Lutz, Michael A, 2006. Rogers, Silke Praetzel-Wunder, Burkhard Helmke, Peter Schirmacher, and Jürgen Schweizer. K25 (K25irs1), K26(K25irs2), K27 (K25irs3), and K28(K25irs4)represent the type I inner root sheath keratins of the human hair follicle [J]. The Journal of investigative dermatology, 126: 2377-2386.

Li X K, Su R, Wang W T, 2017. Identification of selection signals by large-scale whole-genomere sequencing of cashmere goats [J]. Scientific Reports, 7(1):1-6.

Marshall R C, Orwin D F G, Gillespie J M, 1991. Structure and biochemistry of mammalian hard keratin [J]. Electron Microscopy Reviews, 4(1): 47-83.

Martin P M, Palhière I, Ricard A, et al., 2016. Genome wide association study identifies new loci associated with undesired coat color phenotypes in Saanen goats [J]. PLoS One, 11(3): e0152426.

Qiao X, Su R, Wang Y, et al., 2017. Genome-wide Target Enrichment-aided Chip Design:a 66K SNP Chip for Cashmere Goat [J]. Scientific Reports, 7: 8621.

Santiago-Moreno J, Lopez-Sebastian A, del Campo A, et al., 2004. Effect of constant-release melatonin implants and prolonged exposure to a long day photoperiod on prolactin secretion and hair growth in mouflon (*Ovis gmelini musimon*) [J]. Domestic

Animal Endocrinology, 26: 303-314.

Schneider M R, Schmidt-Ullrich R, Paus R, et al., 2009.The Hair Follicle as a Dynamic Miniorgan [J]. Current Biology, 19: R132-R42.

Siddiki A Z, Baten A, Billah M, et al., 2019. The genome of the Black Bengalgoat (*Capra hircus*) [J]. BMC Research Notes,12: 362.

Stella A, Nicolazzi E L, Van Tassell C P, et al., 2018. AdaptMap: exploring goat diversity and adaptation [J]. Genetics Selection Evolution, 50(1): 61.

Teh T H, Jia Z H, 1991.The effects of photoperiod and melatonin implant on cashmere production [J]. Journal of Animal Science, 69: 496.

Wang W, Sun B, Hu P, et al., 2019. Comparison of differential flavor metabolites in meat of Lubei White goat, Jining Gray goat and boer goat [J]. Metabolites, 9 (9): 176.

Wang Z Y, Wang R J, Zhang W G, 2013. Estimation of genetic parameters for fleece traits in yearling Inner Mongolia Cashmere goats [J]. Small Ruminant Research, 109 (1) :11-19.